이번 생
육아는
처음입니다만

이번 생 육아는 처음입니다만

초 판 1쇄 2020년 03월 18일

지은이 김도사 최경일
펴낸이 류종렬

펴낸곳 미다스북스
총괄실장 명상완
책임편집 이다경
책임진행 박새연 김가영 신은서
본문교정 최은혜 강윤희 정은희 정필례

등록 2001년 3월 21일 제2001-000040호
주소 서울시 마포구 양화로 133 서교타워 711호
전화 02) 322-7802~3
팩스 02) 6007-1845
블로그 http://blog.naver.com/midasbooks
전자주소 midasbooks@hanmail.net
페이스북 https://www.facebook.com/midasbooks425

© 김도사, 최경일, 미다스북스 2020, *Printed in Korea*.

ISBN 978-89-6637-772-5 03590

값 **15,000원**

이번 생
육아는
처음입니다만

김도사 · 최경일 지음

미다스북스

삶의 목표가 있다면 못할 것이 없다

대부분의 사람들은 자신의 삶을 끊임없이 비관하며 좌절하고 포기한다. 삶의 목표만 정해도 포기하지 않을 수 있는 힘이 생기는데 말이다. 아직도 많은 사람들은 삶의 목표가 무엇인지 알지 못하고 살아가는 것 같다. 수많은 자기계발서에서 꿈을 꾸라고 하지만 실행하는 사람은 그리 많지 않다. 그래서 자기계발서는 계속해서 시대의 흐름을 반영해서 동기부여를 하는 것이 아닐까?

부유하지 못한 가정에서 태어난 것은 불행이 아니다. 그만큼 성장할 수 있는 기회가 소위 말하는 '금수저' 보다 많다는 것이다. 세계의 많은 부자들은 처음부터 부자인 사람은 거의 없다. 작은 실패를 거듭 이겨내고 그것을 발판 삼아 더 높은 곳으로 향하는 발걸음을 내딛는 것이다. 삶의 전반적인 부분 중 결혼 생활과 육아도 마찬가지다. 어떻게 생각하는지에 따라 걸림돌이 되거나 디딤돌이 될 수 있다는 것이다.

수많은 성공학, 부자학 관련 서적에서 깨달음을 준다. 그것들이 육아에도 적용이 된다는 사실을 육아를 하며 깨닫게 됐다. 그리고 이 책에 담아 세상에 알리기 위해 온 힘을 다했다. 성공을 꿈꾸지만 육아에 지친 이 세상 부모들이 단 1cm라도 자신이 성장하고 있음을 느낄 수 있길 바란다.

사회학자 게리 베커는 말했다. 결혼해서 사는 이득이 혼자 사는 것보다 커야 사람들이 결혼을 한다고 말이다. 이처럼 사람은 삶을 살아가는 데에 충분한 동기부여가 필요하다. 그것이 물질적 이익이 될 수도 있다. 그러나 심리적인 안정과 행복을 더 원하는 것은 어떤 사람이든 공통된 생각일 것이다. 이처럼 살아가는 데에 심리적 이익은 꼭 필요한 것이다. 사람은 결코 혼자 살아갈 수 없다. 결혼을 하지 않아도 사람들과 조우하는 사람들이 그것을 증명해주는 셈이라 할 수 있겠다.

유튜브 채널 '김도사TV', '네빌고다드TV'에서는 책 쓰기뿐만 아니라 내면 의식의 성장도 돕고 있다. 많은 사람들이 영상을 보며 성공자의 마인드를 배워가고 있는 것이다. '아빠육아TV'에서는 아빠 마인드를 바꿔줄 수 있는 영상이 있다. 또한 실전 육아에 대한 영상을 보며 새로운 삶을 그리는 이들도 꾸준히 늘어가고 있다. 어떤 삶을 선택하든지 자신의 내면의식이 강해야 어떤 일이든 이뤄낼 수 있을 것이다. 인생에서의 성공을 이루고자 한다면 이 책과 함께 영상 시청하는 것도 도움이 될 것이다. 육아를 하면서도 지옥을 경험하는 것이 아닌 천국을 경험하는 행복한 세상이 만들어졌으면 한다. 세상의 모든 시련과 행복은 자신으로부터 나온다는 말을 기억하고 이 책을 읽어주기를 바란다.

이 책은 각 장별로 다음과 같은 내용을 담았다.

1장은 육아에 대해 두려워하는 아빠들을 위한 마인드 개선의 필요성을 제시했다. 2장은 다양한 사례들을 통해 육아의 필요성을 설명했다. 3장은 여러 연구 결과를 통해 자녀의 놀이에 대해 설명하고 놀이법에 대해 소개했다. 4장은 독박 육아는 자녀 양육에 있어 어떤 영향을 끼치는지 전문적인 지식을 담아 설명했다. 마지막 5장에서는 부모가 함께 육아를 했을 때 삶이 어떻게 변화하는지를 설명했다.

각 장에서 만나는 사례와 정보들은 당신에게 자극이 될 것이다. 그래서 육아에 동참하게 될 것이고 이를 통해 육아에 대한 두려움을 사라지게 할 수 있을 것이다.

책을 기획하고 집필하는 과정에서는 아래와 같은 마음을 담았다.

첫째, 다양한 성공학, 부자학 관련 서적에서 말하는 성공하는 법을 자녀 양육 관련 근거들과 함께 육아와 융합시킬 수 있도록 기획/집필했다.

대한민국 부모들의 육아 마인드 개선과 더 행복한 가정이 되었으면 하는 마음이다.

둘째, 내 아이가 조금 더 행복한 세상에서 살기를 바라는 아빠의 마음을 담아 기획했다.

셋째, 미래에 내 아이가 겪을 일이라고 생각하며 도움이 되고자 하는 마음으로 집필했다.

넷째, 육아에 대한 마음의 짐을 덜어 부모의 고민에 대한 답이 찾아지길 바란다. 더 나아가 대한민국 저출산 문제까지도 해결되길 바라는 마음이다.

이 책에 담긴 내용들은 자녀 교육과 놀이를 조금 더 효과적으로 할 수 있을 것이다. 자녀의 성장 발달 단계에 따른 놀이를 한다면 말이다. 중요한 것을 놓치지 않고 육아 하기를 바란다.

내세울 것 하나 없는 시절을 보냈다. 그러면서 자녀들에게는 특별하지는 않아도 행복한 세상을 물려주고 싶었다. 우리 아이들은 급변하는 세상 속에 살게 될 것이다. 우리가 삶에서 느꼈던 가족의 소중함을 대물림해주었으면 한다. 행복은 전염되어 결국에는 모든 사람이 행복한 세상이 될 것이다.

육아를 행복하게 생각하고 몸소 실천하고 있는 아빠로서 모든 부모의 고충이 해결되었으면 한다. 육아를 통해 자신의 삶이 성공한 인생이라는 것을 느낄 수 있도록 동기부여가 되길 바란다. 부디 이 책을 읽는 독자들에게 우리의 선한 영향력이 퍼지길 바란다.

아빠가 육아에 참여하는 가정은 결코 행복과 멀어질 수 없다는 것을 기억하도록 하자. 가정의 행복을 위한다면 꿈꾸는 아빠가 되어 육아를 실천하길 바란다. 이 책을 읽고 난 뒤에는 자신의 꿈을 찾고 가정의 행복까지 찾게 될 것이라고 확신한다. 육아를 통해서도 꿈만 꾸던 삶에서 꿈을 이루는 삶으로 변할 수 있을 것이다. 매일 성장할 당신을 응원한다.

김도사, 최경일

목 차

4장   행복한 가정을 위한 독박 육아 방지 프로젝트

5장   사랑한다면 아내와 함께 육아하라

1 장

어쨌든 당신도 아빠가 된다

01

평범한 아빠, 성공한 아빠

〜〜〜〜〜〜〜〜〜〜〜〜〜〜〜〜

물론 성공에 공식이 있는 것은 아니지만 예외가
있으니 바로 인생과 인생이 가져다주는 것을
무조건적으로 받아들이는 것이다.

– 아르투르 루빈스타인

물질적 풍요가 성공일까?

평범한 아빠는 어떤 사람일까? 성공한 아빠는 어떤 사람일까? 보통 '성공'은 부와 명예 그리고 권력이 있는 사람에게 어울리는 단어이다. 하지만 이러한 단어들이 평범한 아빠와 성공한 아빠를 구분하는 기준이 될까? 성공한 아빠는 자녀들에게 사랑을 쏟는 것이며 책임감을 가지고 사랑하는 마음을 담아 육아에 참여해야 하는 것이라 말하고 싶다.

사실 육아를 할 때에는 부, 명예, 권력은 필요가 없다. 물론 자녀를 물질적으로 풍요롭게 하는 데는 어느 정도 도움은 될 것이다. 하지만 자녀들은 부모가 물질적으로만 사랑을 표현하기를 원하지 않는다. 진정한 사랑을 담아 대해주기를 원한다. 사랑이 없는 육아는 있을 수 없는 것이다.

『열하일기』, 『양반전』을 집필한 조선 후기 소설가 연암 박지원 선생의 이야기다. 그의 아내는 먼저 세상을 떠났다. 이후 그는 자녀들에게 특별한 육아를 했다. 물질적으로 풍요롭지는 않았지만 진심 어린 사랑을 담아 자주 편지를 쓴 것이 그것이다. 그가 자녀들에게 쓴 편지에는 이런 내용이 있다.

"고추장 작은 단지를 보내니 사랑방에 두고 끼니 때마다 꺼내 먹으면 좋을 게다."

고추장을 직접 담그고 그것을 자녀들에게 보내며 쓴 편지이다. 이 한 문장만 보아도 자식들을 향한 아버지의 사랑이 느껴지지 않는가. 이 고추장을 받아 끼니 때마다 아버지의 마음을 느끼게 될 것이다.

현재 50대 이상 부모님 세대의 대부분은 하루하루 가난과 씨름을 하며 살았다. 그래서 자녀에게 물질적 만족감을 느끼게 한 부모는 아마 드물 것이다. 생각의 차이가 있을 수는 있지만 말이다. 그러나 자녀가 대학 진학, 입사 등 큰일을 앞두고 있을 때 사랑이 담긴 한마디를 건넨 적은 있을 것이다. 그렇게 부모는 물질이 아니어도 마음으로 늘 응원하는 것이다. 때로는 마음을 겉으로 표현하기 쑥스러워서 잔소리처럼 하기도 했을 것이다. 그것이 말이든 편지든 말이다. 자녀는 과거에는 못 느낀 사랑은 부모가 되면서 알게 된다. 이처럼 부모의 진심은 언젠가 자녀에게 전달된다. 그러니 지금 당장 잠깐 시간을 내어 자녀에게 따뜻한 말 한마디를 건네보자.

아빠의 책임감은 위대하다

요즘은 아빠가 육아에 참여하는 가정이 늘어나고 있다. 육아에 시간을 조금 할애하는 것만으로 충분히 자녀에게 사랑을 전할 수 있다. 앞서 말한 것처럼 편지로 사랑을 표현할 수 있다. 이외에도 다른 매체를 통해서도 사랑을 담아 전할 수 있을 것이다. 예를 들면 육아일기, 영상편지, 사진앨범 등이다. 짧게는 하루 3분에서 길게는 몇 년이 걸릴 수 있지만, 당신이 진심을 담아 다양한 매체로 표현했다면 분명 자녀에게 사랑이 전달될 것이다.

어느 이벤트 업체에서 촬영한 딸이 아버지에게 감동 이벤트를 선물한 영상을 본 적이 있다. 그 영상에서는 결혼을 앞둔 딸이 아버지에게 받은 사랑에 대한 고마움을 표현하고 있다. 그리고 아버지 또한 딸에게 영상편지를 통해 사랑하는 마음을 전달했다. 그리고 직접 마주보며 눈물을 흘렸다. 이 영상에서 중요한 것은 딸이 아버지께 했던 말이다.

"모든 게 아빠의 무조건적인 사랑 덕분이 아니었나 생각해요."

자녀는 이처럼 부모의 사랑을 받고 자라며 또 그들의 자녀를 사랑하는 방법을 배운다. 그리고 부모님에 대한 감사와 사랑, 부모님을 이해하는 방법을 배우게 되는 것이다.

책임감은 사랑이라는 감정에서 나온다. 자녀에 대한 사랑이 없다면 어떻게 책임감이 생기겠는가? 책임져야 하는 대상을 온전히 사랑하는 데 꼭 필요한 원동력이 바로 책임감인 것이다. 혹시 책임감이 짐이라고 생각하는가? 그러면 사랑이란 감정은 온갖 부정적인 생각 속에 묻혀버리게 된다. 예를 들면 '내가 왜 아이를 낳았을까?', '내 자유는 이제 끝이구나.' 등과 같은 부정적인 생각 말이다.

성공한 아빠가 육아에 참여하는 아빠라면 평범한 아빠는 육아에 참여하지 않는 아빠라고 할 수 있을 것 같다. 자녀를 책임져야 하는 것은 당연히 부모의 몫이다. 사랑해야 하는 것도 당연한 부모의 역할이다. 하지만 그 역할을 아내에게만 전적으로 맡기고 신경 쓰지 않는다면 책임감이 결여됐다고 볼 수 있지 않을까? '내가 책임져야 되겠다'는 생각은 사랑하는 마음이 있을 때 나온다. 만일 연인 사이에서 사랑이 없다면 서로의 보호자가 되어야 하는 결혼을 할 수 있겠는가? 아마도 이런 상황에서 결혼

한다고 해도 그리 오래가지 못할 것이다.

드라마나 영화에서는 재벌가 집안이 많이 등장한다. 그리고 자녀를 돈 버는 수단으로 생각하는 아버지의 모습도 볼 수 있다. 그 자녀들은 당연 하게도 부모와의 갈등을 겪게 된다. 반면에 재벌 집안은 아니지만 자녀들과 가깝게 지내는 아버지의 모습도 나온다. 이런 모습을 통해 무엇을 말하는 것일까? 가족 간의 돈, 명예, 권력이 다가 아니라는 사실을 말하는 것일지 모르겠다. 자녀 양육에서 이것보다 중요한 것이 사랑과 더불어 책임감 있는 모습이라는 의미일 것이다. 자녀들은 물질적 풍요보다 부모가 사랑과 관심을 줄 때 더 밝고 긍정적으로 자라게 된다.

『부자 아빠 가난한 아빠』의 저자 로버트 기요사키의 또 다른 저서『부자 아빠의 자녀교육법』의 제목과 같이 부자 아빠도 자녀 교육에 관심을 가지는 것을 볼 수 있다. 그리고 이 책에서는 다음과 같이 말한다.

"돈이 우리를 행복하게 만들지는 않는다. 부자가 되면 행복해질 것이라고 생각하지 마라. 부자가 되는 과정에서 행복하지 않다면 부자가 된 후에도 행복하지 않을 것이다. 따라서 부자든 가난하든 반드시 행복해야한다."

이 책에서 말하는 행복은 무엇일까? 사람은 돈이 없어도 어떻게든 살아갈 수는 있다. 하지만 사랑이 없이는 살아갈 수 없다. 그렇기에 행복하려면 사랑이 필요한 것이다. 이처럼 돈만 많이 벌려고 시간을 쓰는 것은 옛말이 되었다. 이제는 자녀의 마음에 아빠의 빈자리를 남기는 것이 아니라 사랑으로 채우는 책임감 있는 아빠가 되도록 하자.

당신이 일에만 몰두하는 아빠가 된다면 자녀와의 관계도 소원해질 것이다. 같은 상황에서도 더 부정적인 생각이 들기도 할 것이다. 이것은 결국 가정의 불화로 이어질 수 있으니 주의해야 한다. 사실 부의 정도와 상관없이 이 세상 모든 아빠는 한명의 사람이다. 하지만 육아에 참여하는 것만으로 이미 성공한 아빠가 될 수 있다. 당신이 육아를 통해 책임감을 가지게 되었다면 더욱 그럴 것이다.

성공한 아빠의 그 책임감은 좋은 효과를 낼 수 있다. 첫 번째로 아빠가 가사에 참여하게 되고 현실적으로 변한다. 이로 인해 엄마가 행복해지며 가정의 행복이 만들어진다. 두 번째는 다른 사람의 기준에서 생각하게 된다. 지극히 개인주의가 강했던 사람이 아빠가 된 후 이타적으로 변하는 모습을 많이 보았다. 무엇보다 중요한 세 번째는 본인의 건강을 챙기며 자녀의 본보기가 된다는 것이다. 자신의 건강이 곧 가정의 평안이라고 생각하게 될 것이다. 그리고 스스로 건강을 위하는 모습을 자녀가 보고 배우게 될 것이다. 아빠로서의 책임감을 통해 삶이 전반적으로 변화될 수 있는 것은 완전히 특별한 것이다.

성공한 아빠가 돈을 많이 버는 것으로 이뤄진다면 얼마나 좋을까? 하지만 사람의 마음을 돈으로 살 수 없다는 말처럼 돈으로는 자녀들의 마음도 살 수 없다. 돈을 벌어야 가정이 먹고사는 것은 기정사실이다. 하지만 이를 위해 일만 한다면 자녀들과 자연스럽게 멀어져버린다. 일에만 몰두하기보다 육아에 참여하여 제대로 성공한 아빠가 되길 바란다.

육아가 처음인 아빠에게 보내는 단단한 한마디

진심을 담아 책임감을 가지고 육아에 임하는 것이 성공한 아빠가 되는 시작이 될 것이다. 자녀 양육에 있어 진심을 다한다면 자녀도 분명 당신의 사랑을 알고 존중할 것이다. 그리고 책임감 있는 모습까지 보인다면 당신을 존경하게 될 것이다. 진심과 책임감은 당신과 자녀의 마음의 거리를 좁혀주는 무기가 될 것이다.

02

아빠는 거저 되는 것이 아니다

~~~~~~~~~~~~~~~~~~~~~~~~~~~~

참고 버텨라.
그 고통은 차츰차츰
너에게 좋은 것으로 변할 것이다.

– 오비디우스

아빠가 되는 방법

아빠가 되는 방법은 알고 있을 것이다. 먼저 사랑하는 여자와 결혼을
해야 한다. 그리고 사랑 속에서 자녀를 낳는 것이다. 더 나아가 자녀를
양육해야 한다. 물론 누구나 다 아는 것처럼 결혼 전에 자녀를 낳을 수는
있다. 하지만 그 과정이 결코 쉬운 일은 아닐 것이다. 절대 아빠가 되는
것을 단순하게 생각해서는 안 된다.

육아는 단순히 자녀 양육에만 그치지 않는다. 한 사람으로 한 여자의
남편으로 아이의 아빠로 한 가정의 가장으로 살아야 한다. 그리고 그에
따른 책임감이라는 무게도 모두 이겨낼 수 있어야 한다. 겁을 주려는 것

은 아니지만 책임감의 무게는 실로 엄청나다. 물론 배우자와 함께하면 조금은 덜어낼 수 있을 것이다. 하지만 그 전에 절대적으로 필요한 것이 있다. 바로 '마인드'이다.

아빠가 되기 위해 3가지 마인드를 가지고 있어야 한다고 생각한다.

첫 번째는 '긍정 마인드'이다. 고이케 히로시의 『2억 빚을 진 내게 우주님이 가르쳐준 운이 풀리는 말버릇』이란 책이 있다. 나는 이 책을 통해 꾸준히 긍정적일 수 있게 되었다. 이 책에서는 우리가 긍정적인 말과 행동을 하면 긍정적인 효과가 나타난다고 말한다. 그리고 수많은 부정적인 말과 행동을 긍정적인 것들로 이겨낼 수 있다고 말한다. 예를 들면 자녀가 말을 듣지 않고 대들었을 때 '얘는 누굴 닮아서 이렇게 말을 안 들어?'라는 부정적 생각이 들었다면 '이 아이는 나에게 인내심을 가르치려고 내려왔구나.'라고 긍정적인 생각을 하며 이겨낼 수 있는 것이다. 자녀를 양육하다 보면 마음속에서 부글거릴 만큼 화가 치밀어 오를 때가 있다. 긍정마인드는 그럴 때 부모 자신의 마음을 다스리는 데도 효과가 있다.

두 번째는 '성공자 마인드'이다. 우리는 이미 성공한 사람들의 마음가짐을 배울 필요가 있다. 그들은 수많은 역경을 이겨낸 사람들이기 때문이다. 그 역경을 이겨내며 다시 일어설 수 있는 마인드를 배워야 한다는 말이다. 육아 부분에서 아빠로의 성공을 위해서라면 말이다.

미국의 기업인 존 워너메이커는 이렇게 말한다.

"생각만으로는 일이 실현되지 않는다."

또, 현대그룹의 창시자인 故 정주영 회장은 이런 말을 남겼다.

"이봐, 해봤어?"

수많은 성공자는 무엇이든 어떻게든 실천하라고 이야기한다. 육아도 마찬가지이다. 두렵거나 힘들다고 생각해서 미루기 시작하면 끝도 없다. 일단 한 번 도전하면 분명 노하우가 생겨 익숙해질 것이다. 그리고 점차 부정적인 생각까지 사라질 것이다.

세 번째는 '솔선수범 마인드'이다. 아내에게 잔소리하기 이전에 내가 먼저 행동하는 것이다. 그리고 자녀에게 바라는 것이 있다면 내가 먼저 보여주는 것이다. 보통 사람들은 자신은 그렇게 하지 않으면서 다른 사람에게 그렇게 하길 바란다. 특히 가족 사이에서 이런 일은 빈번하게 나타난다.

어떤 이는 퇴근하고 집에 돌아왔을 때 집이 정리되어 있지 않다고 아내에게 잔소리한다. 하지만 집안일과 함께 육아를 한다는 것은 여간 힘든 일이 아닐 수 없다. 육아에 지친 아내는 생각하지도 않고 하는 그 말이 부부의 갈등을 일으킨다. 자녀를 양육하는 데도 마찬가지이다. 부모로서 올바른 행동을 하지 않으면서 아이에게 바란다면 오히려 아이가 반감을 사는 역효과가 난다. 조금 힘들더라도 바라는 것이 있다면 솔선수범하기를 바란다.

아빠가 되기 전 이러한 마인드를 가지는 것은 굉장히 중요한 일이다. 사람은 말과 행동하기 이전에 생각을 먼저 하기 때문이다. 부정적으로 생각하면 당연히 결과는 부정적일 수밖에 없다. 앞서 말한 3가지 마인드는 반드시 가지고 있어야 한다. 그러면 육아를 할 때 인상 찌푸리지 않고 할 수 있게 된다. 새로운 것들에 대해 도전하며 즐기는 육아를 하게 되는 것이다.

세상에 거저 얻을 수 있는 것은 없다

앞서 말한 3가지 마인드를 가지기 이전에 생각해보아야 하는 것이 한 가지 있다. 바로 '아빠는 왜 아빠인가?'라는 질문에 대한 답이다. 이 질문은 자기 자신을 돌아보기 위해 해야 하는 것이다. 아빠의 삶을 살기 위한 '메타인지'를 하는 것이다. 심리학에서 말하는 '메타인지'란 '자신의 인지 과정에 대하여 한 차원 높은 시각에서 관찰 · 발견 · 통제하는 정신 작용'이다. 쉽게 말해 내가 어떤 것을 앎과 모름에 대해 분명하게 구분할 수 있는 것을 말한다. 이러한 메타인지는 자신을 돌아보게 하고 앞으로의 삶을 계획하는 데 방향성을 제시한다. 자녀 양육에도 메타인지는 크게 작용한다. 아빠도 사람이기 때문에 완벽할 수는 없다. 그러므로 메타인지를 이용하여 육아를 해야 하는 것이다.

분명 부모가 가보지 않은 길을 자녀가 걷고자 하는 일이 생길 것이다. 이때 무조건 안 된다고 말하면 자녀와의 갈등이 시작된다. 하지만 자녀가 걷고자 하는 길에 대해 부모 자신이 모르는 것을 인지하고 있다면 그것을 인정하고 함께 고민할 수 있게 될 것이다.

부모의 뜻과 다른 길을 가려는 자녀를 둔 두 가정을 예로 들면 이렇다. A라는 가정의 부모는 고민해보지도 않고 안 된다고 한다. 그럼 자녀는 반감이 생기며 그 길을 고집하게 될 것이다. 반대로 B라는 가정의 부모는 자녀와 함께 고민한다. 부모가 모르는 길이기 때문에 시간은 걸릴 수 있다. 하지만 함께 고민하며 부모와 자녀는 각각 그 일을 바라보는 시야가 넓어지게 되고 이내 합의점을 찾을 수 있게 된다. 그 길이 맞는다고 생각하든 그 반대이든 말이다.

아빠뿐만 아니라 엄마 역시 메타인지가 필요하다. 자녀의 인생에서 방향을 잡아주어야 하는 것이 부모의 역할이다. 자녀가 곤경에 처해 있을 때 부모가 해주는 조언은 선택할 때에 크게 작용한다. 무조건 안 된다고 말하기 전에 안 되는 이유와 선택의 결과 등을 함께 말해준다면 자녀를 충분히 이해시킬 수 있을 것이다. 그러면 소통까지 원활하게 할 수 있게 된다.

부모는 자기반성과 메타인지를 통해 분명한 철학을 가지고 육아를 해야 한다. 여기에는 자녀의 인생이 부모의 것이 아니라고 생각하는 전제가 바탕이 되어야 한다. 확고한 생각이 없다면 자녀가 방황할 때 길잡이 역할을 해줄 수 없다. 그리고 자녀가 실패의 길로 고집스럽게 나아간다면 한 걸음 물러설 줄도 알아야 한다. 자녀도 인생에서 실패를 경험해야 성장하기 때문이다. 이럴 때는 손을 놓고 기다리라는 것이 아니다. 실패했을 때 일어서는 법을 알려주면 된다.

자녀는 성장하는 과정에서 많은 것을 배우게 될 것이다. 이 사실은 부모도 동일하다. 인생은 살아가면서 시행착오를 겪으며 깨달음을 얻는다. 그렇다고 해서 쉽게 좌절해서는 안 된다. '시련은 변형된 축복이다.'라는 말이 있다. 육아를 하면서도 자녀의 건강, 사춘기, 진로 등 시련이 찾아온다. 그렇다고 좌절하고 포기만 한다면 절대 성공을 이룰 수 없다. 시련을 성장하는 계기로 생각하면 그것은 분명 축복이 될 것이다.

세상에 거저 얻는 것은 없다. 부모가 되는 것 역시 마찬가지이다. 그렇기 때문에 부모가 자신을 돌아보고 3가지 마인드를 준비해야 한다. 그리고 끊임없이 고민하고 공부해야 한다. 노력과 실패 없이 얻는 좋은 결과란 없다. 처음은 누구나 다 힘든 법이다. 늦었다고 생각하는가? 그럼 지금 당장 시작하면 된다.

부모도 자녀도 사람이기에 완벽할 수는 없다. 다르게 생각한다면 무한한 가능성이 열려 있는 것이기도 하다. 어떠한 일을 하더라도 성공적으로 해낼 수 있다는 말이다. 물론 시간과 노력이 필요하다는 것을 받아들인다면 말이다. 이러한 생각으로 육아에 참여한다면 분명 인생에서 둘도 없는 값진 보물을 자녀에게 선물할 수 있을 것이다. 그리고 부모도 성장하는 발판이 될 것이다.

육아가 처음인 아빠에게 보내는 단단한 한마디

아빠가 되는 것은 인생에서의 큰 변화를 가져온다. 이러한 변화에 대해 새로운 도전을 하기 전 필요한 것이 있다. 바로 '메타인지'와 '마인드'이다. 자신을 돌아보고 알아가는 메타인지 능력을 키워야 한다. 그리고 긍정/성공자/솔선수범 마인드를 가지고 있어야 새로운 도전이 비교적 쉬워진다.

03

원석을 보석으로 만드는 육아

~~~~~~

다이아몬드를 찾는 사람이 진흙과 수렁에서 분투해야 하는
이유는 이미 다듬어진 돌 속에서는 찾을 수 없기 때문이다.
다이아몬드는 만들어지는 것이다.

– 헨리 B.윌슨

원석을 보석으로 만드는 육아

2016년 종영된 SBS TV 예능 프로그램 〈힐링캠프〉에서 가수 션과 아내 정혜영이 출연한 적이 있다. 그때 션이 했던 말 중 이런 말이 있다.

"결혼은 원석을 만나 보석을 만드는 과정이다."

나는 이 말이 육아에도 적용 가능하다고 생각한다.

"육아는 원석을 보석으로 만드는 과정이다."

부모도 자녀와 마찬가지로 태어났을 때 원석에 불과했다. 어떠한 빛과 아름다움이 잠재되어 있는지 알 수 없다. 당신도 부모님이 만들어주신 보석이다. 원석으로 태어난 당신을 끊임없는 사랑으로 두들기고 갈고 닦아주신 덕분에 지금 당신이 보석처럼 빛을 낼 수 있는 것이다. 당신은 조금 더 효과적으로 자녀가 보석이 될 수 있도록 육아를 해야 할 것이다. 당신의 자녀도 당신과 같은 인격체라는 것을 인정한 상태에서 말이다.

그렇다면 원석과 보석은 어떤 것을 의미할까? 사전에서 찾은 원석과 보석의 의미는 이렇다. 먼저 원석은 가공하지 아니한 보석이다. 그리고 보석은 아주 단단하고 빛깔과 광택이 아름다우며 희귀한 광물로 정의된다. 사람은 아무리 갈고닦아도 무게만 나가는 그냥 돌이 아니다. 수없이 가공되어 빛을 내는 보석이 되는 원석이라는 말이다. 여기서 가공이라는 말은 육아라고 할 수 있겠다. 어떤 보석을 만들어낼지는 부모의 육아 철학에 달려 있는 것이다.

당신 부모님의 양육 방식 중에 불만인 것이 있는가? 그렇다면 그 행동을 당신의 자녀에게 하지 않으려고 노력해야 한다. 당신이 불만인 것 중 폭언, 폭행, 욕설, 부정적 마인드는 아마 많은 사람들이 동의하는 내용일 것이다. 여기서 부정적 마인드가 있다고 해서 무한히 긍정적인 부분만 내세우라는 것은 아니다. 오히려 역효과가 날 수 있기 때문이다. 보석은 제각기 특성이 있다. 그래서 원석을 가공하는 방법이 각각 달라야 한다. 즉 자녀마다 각기 다른 기질이 있으니 육아 방식이 달라야 한다는 것이다.

예를 들어 욱하는 기질이 있는 자녀가 사소한 일에도 버럭 소리를 지른다고 하자. 이때 필요한 것은 '부모의 인내'라는 가공법이다. 시간을 두고 잘못된 것을 계속해서 인지시켜주는 방법을 사용해야 보석으로 다듬어지는 것이다.

자녀를 부모가 아닌 타인에게 맡겨 학대당했다는 뉴스를 본 적이 있을 것이다. 아이를 사랑으로 보살펴야 할 어린이집 교사, 육아도우미에게 학대를 당하는 것이다. 신생아에게 아동학대를 하는 경우 피해 아동은 폭행당했다는 것을 육체적 고통으로 느낀다. 그리고 트라우마가 생긴다. 뇌 깊숙한 곳에 고통이 저장되어 기억하게 되는 것이다. 이러한 일을 영유아 시절 겪는다면 그때 저장된 고통이 성장하는 과정에서 특이점으로 나타나기도 한다. 자녀의 기질에 따라 트라우마로 인해 소심한 성격이 되거나 폭력적인 성격이 되기도 한다는 것이다. 물론 드물게 일어나는 일이지만 일상에서 자녀에게 트라우마로 남겨질 일은 너무도 많다. 그리고 만일 트라우마가 생겼다면 이것을 극복할 수 있게 하는 것도 부모의 역할이다.

'태어난 지 얼마 안 됐는데 어떻게 기억하겠어.'라고 생각하면 정말 큰 오산이다. 우리의 자녀가 배 속에서 느끼는 엄마의 감정도 고스란히 기억하고 있다는 것을 명심해야 한다. 그리고 고통을 마주했을 때 이겨낼 수 있도록 부모의 육아 철학을 분명히 지켜나가야 한다.

부모가 육아 방식을 정립하지 않은 상태에서 자녀를 키운다고 가정하자. 똑같은 행동을 했을 때 부모의 감정에 따라 다른 반응을 보이면 자녀는 혼란하게 된다. 당신의 자녀가 접시를 닦다가 떨어뜨려서 깼다. 이때 위험한 것을 알려주는 교육을 할 것인가? 아니면 잘못했다고 훈육을 할 것인가? 이를 명확하게 해야 한다는 것이다. 그렇지 않으면 자녀는 '내가 이 행동을 하는 것이 잘한 행동인지 그렇지 않은 것인지 혼동하게 된다. 불분명한 육아 방식이 계속되면 자녀는 옳고 그름을 판단하는 부분에서도 혼란을 경험하게 되는 것이다.

자녀를 보석이 아닌 돌덩어리로 만들 생각인가? 아마 그렇게 할 부모는 없을 것이다. 자녀가 빛을 내는 보석이길 바라는가? 그렇다면 가공법인 육아 방식, 육아 철학을 분명히 하도록 하자. 자녀가 설령 엇나간 말과 행동을 하더라도 흔들림이 없어야 한다. 흔들림과 동시에 자녀는 방황하게 된다는 사실을 잊어선 안 된다.

부모는 로봇이 아니기 때문에 감정적일 수밖에 없다. 하지만 자신의 감정을 제어해야 할 필요가 있다. 자신의 감정도 제어할 수 없는 사람이 어떻게 자녀에게 바랄 수 있겠는가? 자신을 먼저 다스리도록 하자. 너무 완벽하려고 하지 않아도 된다. 시행착오를 겪어나가며 아이에게 맞는 양육법을 찾아가자. 몇 번의 시행착오로 혼란을 줄 수 있다고 생각하기도 할 것이다. 하지만 결국 확고한 것이 생기면 그때는 바로 잡기 쉬울 것이다. 그러니 더 늦기 전에 명확한 가공법을 만들도록 하자.

자식에 대한 부모의 역할

보석을 가공하는 기계도 처음부터 제대로 된 보석의 모양을 만든 것이 아니다. 가공을 하며 부족한 부분을 보완해가며 아름다움을 뽐내는 보석을 만들어 낼 수 있는 것이다. 감정이 없지만 원석을 가공하는 기계도 오류가 나면 불량품을 만들기도 한단다. 그것과 같은 이치라고 생각하면 될 것 같다. 남아프리카공화국의 최초 흑인 대통령 넬슨 만델라의 명언 중 이런 말이 있다.

"용서하되 잊지 말자."

자신의 방식이 잘못된 것이라고 생각할 때에는 잘못을 용서하도록 하자. 그리고 그 잘못을 잊지 않도록 하자. 자녀에게 같은 실수를 반복하지 않기 위한 것이다. 이것이 육아의 올바른 방식이 될 수 있다. 시간이 조금 걸릴 뿐이다. 당신이 신이 아닌 이상 잘못된 선택도 하게 된다. 그러니 처음부터 완벽을 추구하지는 않도록 하자.

부모는 자녀를 낳았다는 것만으로 부모의 생각대로 자녀가 자라야 한다고 착각한다. 좋은 대학에 가지 못한 것을 왜 자녀를 통해 이루려고 하는가? 대기업에 입사하지 못한 것을 왜 자녀를 통해 이루려고 하는가? 자녀는 나의 복제인간이 아니다. 하나의 인격체이다. 다만 세상에 태어나 가르침을 받으며 성장해야 하는 것이다. 부모도 누군가에게 배우며 살아가지 않는가? 같은 것이다. 자신의 생각대로 자라기 바라는 것은 부모의 가장 큰 착각이다. 단지 부모는 자녀를 가르치기 위해 존재한다는 사실을 잊지 말자.

부모는 자녀가 방황할 때 올바른 길로 안내해주는 역할을 해야 한다. 자녀가 좌절할 때 다시 일어서는 방법을 알려주어야 한다. 이것은 간섭하라는 말이 아니다. 앞서 말했듯이 사람은 완벽하지 않다. 그래서 답답한 마음에 감정적으로 대처할 수는 있다. 하지만 그게 전부여서는 안 된다. 함께 고민하고 대화하는 시간들을 가져야 하는 것이다. 서로의 마음을 헤아리고 신뢰하며 문제의 해답을 찾아야 하는 것이다. 부모는 자녀의 고민을 모두 해결할 수 있는 해결사가 아니다. 고민을 들어주고 공감해주며 함께 해결책을 찾는 '상담사' 또는 '동지'인 것이다.

어느 가정에서 아들이 부모님과의 대화를 피한다는 이야기를 들었다. 그 아들과의 대화에서는 부모님에 대한 원망과 부정적인 생각에 사로잡혀 있는 것을 알 수 있었다. 자신이 하는 일마다 부정을 하고 걱정만 한다는 것이다. 그리고 같은 걱정만 반복해서 이야기하고 잔소리로밖에 들리지 않는다는 것이다. 이후 그의 부모님을 만나보았다. 그 결과 부모님도 아들에 대한 부정적인 생각으로 가득 차 있었다. 부모님은 아들이 하는 말과 행동에서 신뢰를 하지 못했다. 그리고 부모 말을 듣지 않는 버릇없는 아들이라고 단정지어버렸다. 또한 서로 대화를 하다 보면 언성만 높아지고 끝난다는 것이다.

이들이 서로 대화를 하는 것을 보고 문제 해결 방법이 보였다. 맨 처음 문제는 서로 잘못을 인정하지 않는 것에서 시작했다. 아들은 말로는 잘못을 인정한다고 하지만 전혀 인정하지 않는 것처럼 말과 행동을 했다. 그리고 약속한 것을 계속 어기며 신뢰를 잃었다. 이런 아들에게 부모님은 그렇게 하면 안 된다는 부정적인 말만 되풀이했다. 그리고 자신들의 입장만 담은 같은 말을 반복하여 잔소리처럼 들리게 했다. 아들은 듣기 싫다며 언성을 높였다. 언성을 높인 아들에게 버릇없다며 부모도 같이 언성을 높이며 대화가 끝났다.

자녀는 결코 부모의 소유물이 아니다. 분신도 아니다. 개별적인 사람이다. 그러므로 강압적인 육아 방식을 택하거나 무조건 순종해야 한다는 생각은 버려야 한다. 앞의 사례와 마찬가지로 역효과가 날 수 있기 때문이다.

어떤 보석을 품고 있는 원석인지 확인해야 어떤 가공법을 이용해야 보석으로 탈바꿈할 수 있는지 알 수 있게 된다. 즉 자녀의 기질을 잘 파악하여 그에 따른 양육법을 찾고 부모만의 철학을 가지고 육아를 해야 한다는 것이다.

육아가 처음인 아빠에게 보내는 단단한 한마디

자녀는 빛나는 보석을 숨기고 원석으로 태어난다. 원석이 보석이 되려면 가공이 필요한 것처럼 자녀도 마찬가지다. 끊임없이 사랑과 관심을 가지고 육아라는 가공으로 빛이 나도록 해주어야 하는 것이다. 이때 부모의 소유물이 아닌 것을 인정하고 개별적인 인격체로 바라보며 육아하도록 하자.

04

비밀이 없는 아이로 키우는 방법

친구에게 충고를 하려거든
즐겁게 하려 하지 말고
도움을 주도록 하라.

– 솔론

나는 내 아이와 비밀이 없는 사이다

세상에 비밀이 없는 사람은 없을 것이다. 가족, 친구, 연인 등 수많은 관계 속에서 비밀은 반드시 존재한다. 그런데 어떻게 비밀이 없는 아이로 키울 수 있을까? 여기서 비밀이 없다는 말은 그만큼 속마음을 터놓고 이야기할 수 있는 것을 의미한다. 당신이 자녀와 비밀이 없는 사이가 되기 바란다면 이 방법을 반드시 알고 있어야 한다.

감정 코칭 강연가이자 두 자녀의 엄마인 그래 작가의 『기적의 21일 공부법』에는 이런 내용이 나온다.

"우리 아이들은 저녁에 함께 만나 식사를 하면서 하루 종일 있었던 일을 이야기했다…나는 열심히 들어주고 또 들어주었다."

이 내용에는 비밀이 없는 아이로 키우는 방법의 힌트가 들어 있다. 눈치가 빠른 사람들은 알아차렸을 것이다. 바로 대화 속 '경청'이다. 그리고 덧붙이면 '공감'이다.

정신과 의사들에게 진료를 받아본 사람은 알 것이다. 그들은 진료를 하는 동안 환자에게 몇 가지 질문을 던지고 대부분의 시간을 경청하는 것으로 보낸다. 그리고는 마지막에 공감하는 말과 문제를 해결할 수 있는 치료법을 간단히 말해준다. 예를 들면 이런 식이다. 의사는 오늘 어떤 일을 경험했는지 그것에 어떤 생각이나 감정이 들었는지 묻는다. 환자가 대답하면 "아 그런 감정이 들었군요. 저도 같은 경험을 한 적이 있습니다."라고 말한다. 또는 다른 환자의 사례를 말해주기도 한다. 그리고 나서 그런 감정이 들었을 때 눈을 감고 심호흡을 하라는 식의 치료방법을 말해준다. 앞에서 놀라운 사실이 발견된다. 단지 의사는 듣고 이에 대해 짧은 답변을 해주는데 환자들은 자신의 말을 들어줘서 속이 후련하다거나 치유를 받는다는 느낌이 든다고 한다.

경청과 공감은 대부분의 사람에게 호감을 살 수 있는 요소이기도 하다. 더 나아가 신뢰를 쌓을 수 있는 요소이다. 사람은 자신의 말을 잘 들어주고 공감하는 사람에게 더 호감을 가지게 된다. 그리고 신뢰하게 된다. 당신은 사회생활을 하며 신뢰를 쌓기 위한 일을 할 것이다. 신뢰가 그만큼 중요하다는 사실을 알기 때문이다. 하지만 사회생활에서는 경청하고 공감을 해주는 사람도 가정에서는 그렇지 못한 경우가 많다. 그런 사람들은 가족은 언제나 곁에 있을 것이라는 생각을 갖고 있기 때문은 아닐까?

아마 대부분의 사람은 소통에서의 문제를 겪을 것이다. 그만큼 경청과 공감이 쉽지만은 않다는 것을 의미한다. 그것은 가족과의 관계에서도 어려운 문제이다. 가족 구성원들도 각기 다른 성향을 가진 사람이기 때문에 존중해주고 신뢰를 쌓아야 한다. 그래야 대화가 제대로 이루어지기 때문이다.

대화가 단절된 가정이 있다. 이 가족은 대화만 하면 싸움으로 이어진다. 서로 자신의 말을 들어보라며 호통을 친다. 과연 이런 대화 속에서 신뢰를 쌓을 수 있을까? 당연히 아니다. 대화는 서로 말을 주고받는 것이다. 그러나 일방적으로 말을 하는 것은 대화가 아니라 잔소리 혹은 혼잣말에 불과하다. 이처럼 대화가 단절되면 할 말이 있어도 하지 않게 된다. 자연스럽게 비밀이 만들어지는 것이다. 이러한 가정이 진정으로 대화했다고 볼 수 있을까? 당신은 당연히 아니라고 생각할 것이다.

가족과의 대화가 잘되어 화목한 가정이 있다. 이 가정의 자녀는 부모에게 서슴없이 자신의 성적이나 학교생활, 연애 등의 이야기를 한다. 그 가정의 부모를 보면 자녀의 말을 들어주는 중에 공감의 추임새를 넣어준다. '아 그랬구나.', '그래서?'와 같은 추임새 말이다. 그런 반응이 나오는데 어찌 말을 끊을 수 있겠는가? 자녀는 신나서 계속 이야기를 이어가고 결국 고민하던 문제까지 털어놓게 된다. 그리고 부모와 함께 그 문제에 대해 함께 고민하고 그에 대한 해결책을 제시하려 한다. 이 가정은 진정으로 대화를 한 것일까? 당신은 아마도 그렇다고 생각할 것이다.

당신은 이미 대화의 중요성을 알고 있다. 그리고 대화에 필요한 요소가 경청과 공감이라는 사실도 말이다. 하지만 가족과는 이것이 잘 지켜지지 않는 대화를 하고 있다는 생각도 할 것이다. 이처럼 쉽지 않은 것이 경청과 공감이다. 왜 가족에게는 어려울까? 왜 자신의 고민을 가족들에게 숨기고 있어야 할까?

한마디로도 충분하다

자녀는 부모님과의 세대 차이 때문에 자신을 이해하지 못한다고 생각할 것이다. 그리고 부모가 명확한 해결책을 제시해주길 바라기 때문일 것이다. 이러한 생각을 하는 자녀의 고민을 어떻게 들을 수 있을까? 먼저 일상적인 대화를 하면서 그 경험을 통해 느낀 것을 묻는다. 그 답을 이야기하며 고민 말하기를 유도하는 것이다. 여기서 중요한 것은 대화를 끝까지 경청하며 공감되는 부분에는 진심으로 공감해주어야 한다는 것이다. 부모의 경험과 비슷하다면 부모의 경험을 통해 깨달은 점을 이야기해주는 것도 도움이 된다. 이와 같이 진심과 경험이 담긴 공감과 조언을 적절히 이용한다면 자녀도 마음의 문을 열게 될 것이다. 해결이 담긴 조언은 꼭 필요한 요소는 아니다. 해결보다는 해결책을 나누고 함께 해결을 위해 고민하는 자세가 필요하다. 또한 대화의 분위기를 긍정적으로 만든다면 자녀는 대화하기를 좋아하게 될 것이다.

어느 침대 CF의 카피이다.

"침대는 가구가 아닙니다. 과학입니다."

한 문장으로 제품의 모든 것을 표현하며 깊은 인상을 준다. 자녀와의 대화에서도 마찬가지이다. 조언을 한다며 많은 이야기를 한다면 잔소리로 들을 가능성이 많다. 공감하고 경청하는 대화 속에서 한마디로 자녀의 마음을 움직일 수 있다. 이렇게 한마디로 마음을 움직이기 위해서는 편견을 버리고 경청하는 자세가 필요하다. 자녀의 말 속에서 해답을 찾을 수도 있기 때문이다.

한 모녀의 일화이다. 딸이 집에 돌아와 학교에서 친구와 싸웠다고 이야기한다. 그 이야기를 들어보니 친구의 연필이 없어졌는데 옆자리에 앉은 자신을 의심했다는 것이다. 그래서 기분이 상해서 다툼이 생겼고 수업이 시작된 후부터 한마디도 하지 않았다고 한다. 그러다가 마지막 수업 중에 연필이 그 친구의 가방 속에서 나온 것을 보았는데 미안하다는 말도 없이 그대로 집에 갔다고 한다. 딸은 상황 설명 후 그 친구와 다시는 놀지 않겠다고 말했다. 이에 딸의 어머니는 자신의 비슷한 경험을 말해주었다. 그리고 어머니는 지금도 그 친구와 잘 지내고 있다고 말해주었다. 그리고 마지막에 단 세 문장으로 조언을 했다. 그러자 다음 날 딸은 그 친구와 함께 하교를 했다. 어떤 말이었을까?

"엄마처럼 친구에게 찾아가서 의심해서 기분이 좋지 않았다고 말해보면 어떨까? 결정은 네가 하는 것이니 하기 싫으면 안 해도 돼. 하지만 엄마는 그 고민이 널 계속해서 괴롭히는 것보다 빨리 털어버렸으면 좋겠구나."

경청을 했기에 비슷한 경험을 말할 수 있었고, 진심으로 공감했기에 짧은 조언으로 선택을 권유할 수 있었다. 그리고 자녀의 어려운 점을 함께 고민하고 있다는 감정까지 전할 수 있었다. 선택은 결국 자녀의 몫이다. 하지만 부모는 대화를 통해 자녀가 어려움을 극복할 수 있는 방법을 찾을 수 있도록 방향을 제시해줄 수 있다. 당신이 해결사라고 생각하지 않기 바란다. 당신은 자녀의 고민을 함께 해결할 방법을 찾는 동지라는 생각을 하자. 당신은 신이 아니기 때문에 모든 문제를 해결할 수 없다.

자녀와 대화하는 시간을 정하는 것이 좋다. 그렇지 못하는 경우에는 자녀와 함께 보내는 틈새 시간이라도 끊임없이 일상적인 대화를 유도하도록 하자. 자녀가 자신의 비밀을 서슴없이 이야기할 수 있는 부모가 되고 싶다면 말이다. 그리고 반드시 대화 속에서 경청과 공감이 필요하다는 사실을 잊지 말자. 경청과 공감은 자녀가 부모인 당신에게 마음의 문을 열게 하는 열쇠이다.

육아가 처음인 아빠에게 보내는 단단한 한마디

대화의 시간을 갖는 가정은 그렇지 않은 가정에 비해 비밀이 없는 경우가 많다. 대화의 시간을 많이 가져서가 아니다. 대화를 통해 서로의 상황이나 감정을 공유하고 이를 공감하는 행위로 유대관계가 형성되기 때문이다. 가족 간 대화를 통해 서로를 인정하도록 하자. 그렇다면 당신의 자녀는 당신에게 더 많은 것을 이야기하게 될 것이다.

05

아빠 육아, 처음부터 잘하는 사람은 없다

살아 있는 실패작은
죽은 걸작보다 낫다.

– 조지 버나드 쇼

처음부터 잘하는 사람은 아무도 없다

당신은 태어났을 때부터 모든 일을 스스로 잘하는 사람이었는가? 결코 아니었을 것이다. 그렇다. 사람은 처음부터 모든 일을 척척 해나가는 존재가 아니다. 그러면 육아는 어떨까? 당연히 처음부터 잘하는 사람은 없다. 그런데 대부분의 부모는 자신이 완벽하게 해낼 것이라고 생각한다. 결코 완벽할 수 없는 존재가 사람인데 말이다. 어쩌면 그렇게 생각하기 때문에 육아를 더 어려운 것이라 생각한다. 그러나 처음 시작하는 일이 어떻게 완벽하게 될 수 있을까?

다음은 2016년 종영한 tvN의 드라마 〈응답하라1988〉에서 아빠가 둘째

딸의 생일을 뒤늦게 챙겨주며 하는 대사이다.

"이 아빠도 태어날 때부터 아빠가 아니잖아. 아빠도 아빠가 처음이니까. 그러니까 우리 딸이 조금 봐줘."

그렇다. 아빠, 엄마는 태어날 때부터 부모가 아니다. 자녀와 똑같이 배워야 하는 것이 많은 사람이다. 그런데 자녀가 태어나는 것만으로 가르쳐야 하는 존재가 되는 것이다. 계획한 모든 것을 이루겠다는 부담을 가지기보다 함께 매일 성장하는 존재라고 생각하자.

당신이 처음 시작한 일을 대할 때 어떠한 마음이 생길까? 바로 '도전'일 것이다. 이 도전정신이 당신이 처음 맞이하는 일을 시작할 수 있도록 도움을 줄 것이다. 도전은 불가능한 일도 가능하게 하는 힘을 지니고 있다. 모든 사람은 태어나서 겪는 모든 일에 시작단계가 있을 것이다. 이것을 극복해야 성공으로 나아갈 수 있다. 물론 실패를 맛보며 성장하는 발판을 삼기도 하지만, 시작이 반이라는 말도 있지 않은가? 모든 일에는 시작 단계를 이겨내는 도전이 반드시 필요하다. 당신이 부모라면 먼저 축하한다는 말을 하고 싶다. 당신은 시작이라는 단계를 이겨낸 성공자이기 때문이다. 물론 부모가 되지 않는 사람이 결코 실패자인 것은 아니다. 그리고 이것이 그렇게 축하할 일인가 싶지만 실로 대단한 것이다. 믿지 못하겠는가? 주위를 둘러보면 결혼을 하지 않는 사람이 있다. 결혼은 해도 자녀를 낳지 않는 사람들도 많다. 그에 비하면 당신은 이미 부모가 되는 부분에서는 성공한 사람이 아닐까 생각한다.

EBS 채널의 〈다큐 시선〉이라는 프로그램에서 '누가 아이를 낳을 수 있을까?'라는 주제의 다큐멘터리가 있었다. 이 다큐멘터리에서는 비혼주의자들의 이야기가 포함되어 있다. 경제적인 문제와 사회적인 문제로 인해 결혼조차 하고 싶지 않다고 한다. 또 난임 여성들의 이야기와 한 자녀 가정의 이야기도 나온다. 이 경우 사회적 반응에 대한 어려움을 이야기한다. 이렇듯 결코 쉽지 않은 시대에서 결혼을 하고 출산을 했다면 성공했다고 말해도 되지 않을까?

남극에는 부성애로 유명한 동물이 있다. 바로 황제펭귄이다. 황제펭귄은 영하 50도 속에서 알을 낳는 것과 동시에 수컷이 알을 품는다. 암컷은 알을 낳고 사냥을 위해 60일 정도의 기간 동안 떠난다. 그동안 영하 50도의 추위를 견디며 한자리에서 두 발과 몸을 이용해 알을 품는다. 알을 부화시키기 위해서다. 이것뿐일까? 바다사자와 같은 천적들의 공격을 받아도 그 자리를 지켜야 한다. 자칫 잘못하면 알이 얼어버릴 수 있기 때문이다. 황제펭귄도 당연히 처음으로 알을 품은 때가 있었을 것이다. 그럼에도 이렇게 목숨 걸고 알을 품는 것은 동물적 본능으로 부성애가 생겼기 때문일 것이다. 남성에게는 뇌하수체에서 나오는 '바소프레신'이라는 호르몬이 있다. 여성에게는 '옥시토신'이라는 호르몬이 있다. 이 2가지 호르몬은 출산 후에 출산 전보다 증가한다고 한다. 이에 따라 '부성애'와 '모성애'가 생기는 것이다. 이러한 호르몬 작용으로 인해 대부분의 부모는 자녀 출산 전에 했던 걱정들이 기억이 나지 않게 된다. 당장 처한 현실이 정신없기도 하지만 호르몬 작용으로 인해 보호 본능과 책임감이 증가하기 때문이다. '아들 바보', '딸 바보'도 이러한 호르몬 작용으로 만들어지는 것이라고 한다.

새로운 도전 '육아'

처음 아빠가 되고 엄마가 되는 것에는 분명히 새로운 도전이 필요하다. 그리고 새로운 어려움에 직면해야 한다. 무엇부터 해야 할지 모를 것이고 무엇이 옳은지조차 판단하기 어려울 것이다. 당연하다. 경험해보지 않았기 때문이다. 다행인 것은 우리에게도 본능이라는 커다란 무기가 있다는 것이다. 경험해보기 전에 겁을 먹고 성공으로 가는 길에서 뒤로 물러설 것인가? 만일 당신이 이왕 도전하기로 마음먹었다면 우리의 무기인 본능을 믿고 도전해보라. 포기해야 하는 일이 생길 수도 있다. 하지만 그 도전으로 인해 더 큰 것을 얻을 수도 있다. 그 길 위에서 당신이 어떤 생각으로 임하느냐에 따라 달라지겠지만 말이다.

비혼주의자나 출산을 기피하는 사람들에게 비중을 가장 크게 차지하는 문제가 있다. 바로 경제적인 문제와 자기 계발이다. 먼저 경제적인 문제를 생각해보자. 주위에서 출산을 경험한 사람들 중에 힘들다고 말하는 사람이 있을 것이다. 힘들다는 것은 현실적인 문제에 직면했을 때일 가능성이 많다. 2018년 통계청 조사에 따르면 집값과 출산율이 반비례하는 추세라고 한다. 이 2가지가 직접적인 영향을 받는다고 말할 수는 없을지도 모른다. 하지만 집값이 오르며 결혼 생활을 시작하기도 어려워진 상태니 체감상 맞는 것이라고 볼 수는 있다. 이런 상황에서 누가 자녀 출산 이후 100% 나아질 것이라고 생각할까? 그렇다고 홀로 살거나 자녀가 없이 산다고 해서 많은 부를 누릴 수 있을까? 그 또한 100% 확신할 수 없을 것이다. 다음으로 자기 계발이 필요해서 결혼과 출산을 하지 않는다? 이 또한 경제적인 문제와 마찬가지로 100% 확신할 수 없는 문제이다. 미혼인 사람 또는 자녀가 없는 부부가 그렇지 않은 부부에 비해 성공하는 사례는 많지 않다. 객관적인 결과가 있다. 2017년 통계청의 주관적 소득수준 조사 결과다. 미혼인 사람이 기혼인 사람보다 2.5% 높은 비율로 소득수준이 매우 부족하다고 느낀다는 것이다.

'시작이 반이다.'라는 말을 들어본 적 있지 않은가? 이와 관련하여 심리학에는 '자이가르닉 효과'라는 것이다. 이것은 이미 시작한 일을 마치지 못하면 계속해서 마음속에 남아 있는 현상을 말한다. 이런 현상 때문에 출산을 하면 어떻게든 자녀를 양육해야겠다는 생각을 가지게 될 것이라는 말이다. 그리고 아마 부모의 역할을 하기 위해 상황을 바꿀 것이다.

사람은 모든 말과 행동이 생각으로부터 나온다는 것을 알고 있어야 한다. 생각하기에 따라 상황이 달라질 수 있다는 말이다. 생각은 사고를 하게 하는 뇌 속의 의식으로부터 시작된다. 의식적으로 어떠한 생각을 지속적으로 반복하면 무의식 속에 자리하게 된다. 예를 들어 어떤 일을 하기 전에 '하면 된다'고 계속 생각한다고 하자. 그러면 자신도 모르는 사이에 어떤 일을 하게 될 때 자신감이 생길 것이다. 이것을 육아에 적용해서 어떤 문제가 생기더라도 '해낼 수 있다'는 생각을 한다면 해결책을 찾게 된다는 것이다. 그리고 어떠한 도전을 시작하게 되면 자신감이 더 증가되는 경향이 있다고 한다. 이는 시작했다는 것에서 이미 성취감을 느낄 수 있기 때문이라고 한다.

당신이 처음이라고 두려워만 한다면 어떤 일을 시작하기 전에 두려움 속에 갇히게 될 것이다. 그 두려움은 당신이 성공하는 길에도 방해가 될 것이다. 사람마다 지향하는 삶의 모습이 다르기에 강요는 할 수 없다. 하지만 자녀를 양육하며 얻는 갖가지 긍정적인 경험은 두려워하는 당신을 피해 갈 것이다. 내 아이를 처음 품에 안았을 때의 감동과 행복은 세상 어디에서 느낄 수 없는 감정이다. 아이의 성장 발달 과정에서 느끼는 신비함과 즐거움은 결코 다른 것과 비교할 수 없다.

비록 현재 삶이 힘들기는 하지만 그것들이 한 번에 해결되기는 어렵다. 당신이 결혼과 자녀를 포기해가며 얻는 행복은 얼마나 갈까? 나라를 위한 것이 아니다. 부모님을 위한 것도 아니다. 그 누구보다 당신 자신을 위해 결혼, 출산을 해보라고 권유하는 것이다. 다시 말하지만 어떠한 일이든지 힘든 일이나 어려움은 있다. 처음 학교에 입학할 때를 생각해보라. 또는 회사에 처음 입사할 때를 생각해보라. 그때와 비교할 수 없을 정도로 힘든 순간은 분명히 있다. 하지만 다른 것에 비해 더 큰 행복과 보람이 당신에게 찾아올 것이다. 그리고 그 행복은 반드시 당신이 성공으로 가는 길을 보여줄 것이다.

육아가 처음인 아빠에게 보내는 단단한 한마디

처음 경험하는 일은 도전 정신과 두려움이 동등하게 찾아올 것이다. 이때 당신의 내면 의식에 '할 수 있다.' 혹은 '이미 다 해냈다.'라는 말을 반복해서 심도록 하자. 이렇게 했을 경우 내면 의식에서부터 생겨난 자신감은 당신을 움직이게 만드는 원동력이 될 것이다.

06

아빠 육아 공부 열풍이 불다

배운 것을 복습하는 것은 외우기 위함이 아니다.
몇 번이고 복습하면 새로운 발견이 있기 때문이다.

– 탈무드

육아 공부를 하기로 마음먹었다

당신이 학교에 다니는 동안 아빠 육아를 배웠다는 사실을 알고 있는
가? 초등학교에서는 실과 과목이 있다. 중·고등학교에서는 기술·가정
과목이 있다. 갑자기 무슨 말이냐고 할 수도 있을 것이다. 하지만 학창시
절을 되돌아보면 어렴풋이 기억이 난다. 실과 책에 나온 바느질과 요리,
기술·가정 책에서 배운 가족과 성(性)에 관한 내용들.

대부분의 아빠는 육아 관련 정보를 대수롭지 않게 지나치는 경우가 더
많다. 교과 과정에서 배운 것들을 지나쳤듯이 말이다. 하지만 이제는 지
나치고 모른 척하기만 해서는 안 되는 시대이다. 아빠들은 이미 공부를
시작했기 때문이다.

사람들에게는 항상 공부의 기회가 주어진다. 그리고 그것을 온전히 내 것으로 만드느냐 그렇지 않느냐의 선택이 필요하다. 자신이 관심이 있는 분야라면 당연히 열심히 배우려고 한다. 우리나라에서는 국어, 영어, 수학이 여전히 중요 과목이다. 누구나 한 번쯤 이런 생각을 해본 적이 있을 것이다. '이 과목이 실생활에 얼마나 사용될까?' 그럼에도 대부분의 사람은 좋은 대학교에 가기 위해 주요 과목을 위주로 공부한다. 그러면 실과, 기술·가정과 같이 우선순위가 낮은 과목에서는 배우는 것이 없을까? 사실 이러한 과목이 생활에 도움이 되는 경우가 많다. 그래서 우리가 학교에서 배우는 것이다.

학교에서 육아를 가르쳐주지 않았다거나 삶에 도움이 되는 공부를 한 적이 없다고 말하는 사람이 간혹 있다. 하지만 분명 우리는 배웠다. 사회적 문제나 삶을 살면서 필요한 기술들을 말이다. 사회적 문제인 저출산을 비롯한 요리, 육아에 대한 내용도 있다. 자녀를 둔 당신에게 필요한 부모의 역할에 대한 내용도 있다. 못 믿겠다면 교과서를 펼쳐보라. 사람들은 자신이 보고 싶은 것만 보는 경향이 있다고 한다. 중·고교시절 대부분의 사람은 대학교 진학만 바라본다. 그래서 삶에 대해 배운 내용을 쉽게 잊어버리는 것이다. 이미 배웠던 내용을 시간이 흐른 뒤 다시 마주하면 기억이 새록새록 떠오른다고 한다. 따라서 당신이 육아 공부를 다시 시작한다면 그리 어렵지 않을 것이다.

사회생활에 지쳐 있는 아빠는 여전히 많을 것이다. 그럼에도 요즘은 아빠 육아의 비중이 증가하고 있다. 이에 따라 퇴근 후 아빠가 육아에 대한 관심을 가지는 가정이 증가하고 있다. 육아휴직을 사용하는 가정도 마찬가지이다. 그렇다면 왜 요즘 아빠들은 육아를 해야 할까? 그 이유 중 확실한 한 가지는 사회생활을 하는 엄마들의 비중이 늘었기 때문이다. 자녀는 엄마 혼자 낳아서 기르는 것이 아니다. 그러므로 아빠가 육아를 해야 하는 것은 당연한 일이 된 것이다.

저출산 문제를 다룬 다큐멘터리에서는 여성들의 사회생활이 증가했다는 통계를 보여준다. 이 통계를 통해 결혼하는 연령대도 함께 증가하는 것을 볼 수 있다. 당연히 출산하는 산모의 연령대도 높아진다. 노산이 점차 늘어나며 난임과 불임 여성도 증가한다. 이외에도 체력이나 경제적인 측면에서 걱정하는 사례가 많다. 어떤 여성은 인터뷰를 통해 자녀를 출산하면 체력이 달려 키우기 힘들 것 같다는 말을 한다. 또 맞벌이를 해도 자녀를 양육할 수 있는 경제적 여건이 되지 않는다는 말도 한다. 앞의 2가지는 대표적인 것이다. 이외에도 사람들은 출산을 할 수 없는 이유를 많이 가지고 있다. 출산은 자신이 성공한 뒤에 하고 싶다고 말하는 사람이 있다. 또 다른 사람은 자기계발의 시간이 줄어든다는 말을 한다. 정말 그럴까? 이미 결혼과 출산, 육아를 경험한 사람들은 어떨까? 다큐멘터리에서 말하는 것과 반대되는 삶을 살고 있을까? 결코 그렇지 않을 것이다. 상황에 따라 어려움은 있을 수 있다. 그리고 출산과 육아를 통해 포기한 것도 있을 수 있다. 그런데 왜 결혼을 하고 자녀를 출산할까? 다큐멘터리에 출연한 사람들이 잘못 생각하는 것이라고 말할 수 없다. 그들이 말하는 문제들은 분명히 현재 우리 세대가 겪는 문제이다. 단지 육아 공부도 마음먹기에 따라 달라질 수 있다는 것을 말하고 싶다.

故 정주영 현대그룹 회장의 명언 중에는 이런 말이 있다.

"모든 일의 성패는 그 일을 하는 사람의 사고와 자세에 달려 있다."

지위와 학력 여하를 막론하고 결혼을 하고 출산을 하는 사람들이 있다. 그들은 분명 인생에서 포기하는 것이 있다. 대표적인 것이 바로 시간의 자유이다. 하지만 누구든지 하루 24시간을 통째로 육아에 힘쓰지는 않는다. 다만 온전히 나만의 시간을 갖는 것이 어려울 뿐이다. 이때 우리는 틈새시간을 활용해야 한다. 당연히 자기계발이나 취미생활을 즐기는 데에는 한계가 있을 수 있다. 그리고 자녀에게 시간을 할애해야 하는 경우도 많이 생길 것이다. 하지만 결코 하루에 단 5분이라도 자신의 시간을 가지지 못하는 사람은 없다. 성공적인 삶을 이루는 것이 어렵고 늦을 수 있다. 하지만 생각을 바꾸고 시간 관리에 힘쓴다면 그 시간은 당신에게 여유를 느끼게 해줄 것이다.

인생에서 만난 사람들에게 배울 점은 무궁무진하다. 나보다 나이가 많은 사람이 있고 나보다 어린 사람도 있다. 당신보다 나이가 어리다 해도 배워야 하는 경우가 생기기도 할 것이다. 이유는 어떤 분야에서는 당신보다 먼저 경험해본 사람이기 때문일 것이다. 주변에 당신보다 어린 사람이 조언한 적이 있는가? 그렇다면 그들의 말에도 귀 기울여보도록 하자. 그들에게도 분명히 배울 점이 있기 때문이다. 아무리 학력이 낮아도 아무리 나이가 어려도 당신이 겪지 못한 분야의 길을 먼저 가고 있다면 인정해야 한다. 그리고 그들이 당신에게 어떤 가르침을 줄지 기대해야 한다.

참으로 힘든 순간 나보다 먼저 경험한 사람들의 말에 깨달음을 얻을 때가 있다. 하지만 사람들은 그 깨달음을 그냥 웃어넘길 때가 많다. 육아든 인생이든 배워야 하는 것은 남녀노소를 구분하지 않는데 말이다.

육아 공부란 무엇인가?

그렇다면 육아 공부라는 것은 무엇을 뜻할까? 육아 공부에 대해 말하기 전에 육아에 대해 말해야 이해가 쉬울 것 같다. 육아는 직접 육아와 간접 육아로 나누어볼 수 있다. 먼저 직접 육아는 자녀와 접촉을 하며 하는 것을 말한다. 예를 들어 이유식 먹이기, 함께 놀이하기 등이다. 간접 육아는 자녀와 접촉은 없지만 자녀를 위한 것을 말한다. 이유식을 만드는 과정, 놀이를 준비하는 과정 등을 예로 들 수 있다.

육아 공부는 2가지 모두 해당된다. 직접 육아를 하며 배우는 것이 있고 간접 육아를 하며 배우는 부분도 있다. 직접 육아를 통해 배우는 것을 먼저 예로 들면 이런 경우가 있다. 자녀를 목욕시키며 성장 발달 과정을 직접 배울 수 있다. 치아가 몇 개월에 나오기 시작하는지 배울 수 있을 것이다. 치아 개수가 늘었다는 것을 두고 간접 육아에서는 치아 관리법을 알아보면서 배우는 것이다. 육아 공부가 이렇게 간단할 수 있다는 것을 알게 되었으니 고민이 덜어졌으리라 믿는다.

부모가 자녀와 함께하는 시간, 육아 정보를 검색하는 시간 등 당신이 이미 실행하고 있는 것일 수도 있다. 당신이 돈을 벌기 위해 일하는 것도 간접적 육아에 해당될 수 있다. 여기서 잊지 말아야 할 중요한 한 가지가 있다. 자녀에게 관심을 갖지 않고 일에만 몰두한다면 그것은 결코 육아라고 말할 수 없다는 것이다. 최소한의 시간이라도 자녀와 대화할 수 있는 시간을 만들기 위해 노력해야 한다.

부모 중 특히 아빠가 육아 공부를 하지 않는다면 어떤 일이 일어날까? 일방적인 엄마의 독박 육아가 대표적이라고 할 수 있겠다. 이로 인해 부부관계, 부모와 자녀 관계에서 문제가 발생되기도 할 것이다. 육아에 지친 엄마는 우울증을 앓게 될 확률이 높다고 한다. 엄마가 우울해지면 하루 종일 함께 있는 자녀에게도 영향이 간다. 우울감이 전염되거나 엄마의 감정에 의한 행동이 아이의 성장발달능력에 영향을 줄 수 있다는 말이다. 엄마도 사람이다. 완벽할 수 없다는 말이다. 아빠도 물론 마찬가지다. 그러므로 부부는 자녀 양육에서는 서로 상호보완작용을 해야 한다. 서로의 부족한 점을 채워가며 자녀에게 사랑을 쏟아야 한다는 것이다. 엄마가 혼자 육아를 할 때보다 더 좋은 자녀로 양육하려면 말이다.

아빠 육아 공부는 이미 전 세계적으로 열풍이 불기 시작했다. 서점에 아빠 육아 관련 서적이 늘어난 것을 봐도 체감할 수 있을 것이다. 이처럼 세상이 변화되고 있다. 그런데 아직도 상황 탓만 하며 육아 공부를 소홀히 할 것인가? 육아 지옥이 아닌 육아 천국으로 갈 수 있는 티켓을 놓치지 않기 바란다.

육아가 처음인 아빠에게 보내는 단단한 한마디

아빠가 육아에 대해 공부하는 것은 가정의 행복을 지키는 일이기도 하다. 육아에 대해 공부했다면 직접 육아에 참여하는 것이 가장 좋다. 하지만 그렇지 못하는 경우에는 간접적으로 관여할 수 있게 만들어 주는 수단이 되기도 한다. 또한 부부가 서로 상호보완작용을 하며 양육을 할 수도 있다.

07

오늘, 세상 모든 것을 다 가졌습니다

얻기 어려운 것은 시기요,
놓치기 쉬운 것은 기회다.

– 조광조

오늘, 세상 모든 것을 다 가졌습니다

"축하드립니다. 임신하셨습니다."

이 얼마나 가슴 벅찬 순간인가? 바로 산부인과에서 아이가 생겼다는 말을 듣는 순간이다. 아마 모든 부모가 만감이 교차하는 시간일 것이다. 어떤 부모는 정말 세상을 다 가진 것 같은 기분이라고 말한다. 또 어떤 부모는 아이가 생기고 나서의 일을 걱정한다. 이외에도 그야말로 여러 가지 감정 사이에서 내적갈등이 생기기도 한다. 사람은 어떠한 현상을 마주할 때 반응이 각각 다르다. 임신했다는 소식을 들은 후에도 마찬가지다.

계획도 없이 재미로 하룻밤을 보내어 임신하는 경우는 걱정이 더 앞설 것이다. 반대로 정말 어렵게 임신이 되었거나 계획을 해서 임신 소식을 접하게 되었다면 세상을 다 가진 사람이 될 것이다.

부모에게 가장 중요한 것은 책임감이라고 할 수 있다. 이것은 부모 이전의 한 남자와 여자로서의 책임감과 다르다. 나와 배우자가 아닌 새롭게 보살펴야 할 존재가 생기는 것이기 때문이다. 결혼과 임신 전에는 '나'라는 존재만 건사하면 큰 문제없이 살 수 있었다. 그러나 임신 후에는 그럴 수 없는 것이 현실이다. 또 그것은 당연한 일이다. 새로운 존재인 자녀는 나로 인해 탄생된 것이다. 그 존재를 함부로 대하는 것은 결코 옳은 행동이라고 볼 수 없다. 그래서 우리나라는 법으로 낙태를 허용하지 않는 것이 아닐까? 이제 책임감을 가지고 행동하길 바란다.

한국 인구는 51,780,579명(2020년 1월 기준)이며 2019년 3분기 출산율은 0.88명으로 한 가정에 한 명의 자녀도 없는 경우가 늘어나고 있다고 한다. 이는 우리나라 사회적인 문제가 되었다. 점점 인구가 줄어들어 현재 경제활동을 하는 사람들이 나이가 들었을 때는 경제 위기가 올 수 있다는 평가를 한다. 인구의 감소는 나라의 존재까지 위협하고 있는 것이다.

우리는 독립운동가가 아니다. 그렇다고 정치인도 아니다. 하지만 당신이 편히 먹고 자고 쉴 수 있는 것은 나라가 존재하기 때문이다. 혹시 뉴스에서 베네수엘라 사태를 본 적이 있을 것이다. 나라가 힘을 잃었을 때의 국민의 생활이 무너지는 것을 알 수 있는 대표적인 예라고 볼 수 있다. 물론 저출산 문제는 나라에서 지원해주는 복지가 미흡한 이유도 있을 것이다. 낮은 출산율은 그것을 향한 일종의 시위일 수도 있다. 하지만 우리는 나라의 존폐위기에 있다고 할 정도로 심각한 상황이라는 것을 인지해야 한다. 인구가 줄어들면 취업난이 해결되거나 다른 이점이 있을 수는 있다. 하지만 국력이 약해진다면 그러한 이점도 소용없지 않을까?

생각을 바꿔보자. 부정적으로 생각하면 걱정만 늘어나는 법이다. 그리고 결국 포기하게 될 것이다. 이런 어려운 상황이 와도 긍정적으로 생각해보자는 것이다. 자녀를 양육하면서 지치거나 자녀로부터 상처받는 일도 있을 것이다. 하지만 행복한 일들이 더 많다. 그리고 분명한 것은 불행해지는 것은 절대 아니라는 것이다. 당신의 생각이 변화된다면 어떠한 일이든 긍정적으로 받아들이게 될 것이다.

'칠삭둥이', '팔삭둥이'로 불리는 미숙아 자녀를 키우는 부모들이 있다. 그들은 결코 평범하게 육아를 시작하지 않는다. 인큐베이터에서 생활하는 자녀를 보고 하염없이 눈물을 흘리며 걱정한다. 건강을 위해 기도한다. 이러한 상황에 처한 사람들도 아이를 위해 시간과 노력, 정성과 사랑을 쏟는다. 시간이 넉넉하게 남아 그럴까? 그렇지 않은 경우가 과반수 이상이다. 분명히 힘들 것이다. 인큐베이터에 있는 아이를 볼 때 심적으로 얼마나 고통스럽겠는가? 하지만 그들은 그 상황에서 소중함을 배울 것이다. 그리고 어떻게 하면 아이가 더 건강해질 수 있을지 방법을 찾을 것이다. 아무 생각 없이 그 시간을 할애하지 않는다는 것이다. 더 행복한 미래를 위해 끊임없이 생각할 것이다. 그리고 결국 건강하게 집에 오는 아이를 보며 더욱 소중하고 행복한 시간들을 보내게 될 것이다.

우리는 자녀 양육을 실행할 때가 그렇지 않을 때에 비해 더 행복하다는 것을 알아야 한다. 당신이 피곤한 몸을 이끌고 집에 들어갔을 때 아이가 웃어준다면 피로는 달아날 것이다. 자녀의 장난 섞인 표정을 짓는 모습을 본다면 함께 웃게 될 것이다. 자녀를 양육하며 괴로워하는 일들을 이야기하는 사람이 주변에 있는가? 그들도 자녀의 모습에서 행복을 느끼는 때가 분명히 있을 것이다. 자녀의 성장을 눈으로 보면서 부모님을 향한 감사함도 느끼게 될 것이다. 그리고 자녀를 통해 배움을 이어나갈 수도 있을 것이다. 그 배움은 인내심의 한계를 극복하는 방법이거나 행복을 지킬 수 있는 방법일 수 있다.

육아 천국이 될 수 있다?

'육아 지옥'이라는 말이 유행처럼 번지는 세상이다. 그 한마디만 듣고 결정한 것은 아니겠지만 자녀를 가지는 것을 두려워하는 사람들이 있다. 그 말을 이해 못 하는 부모들도 있을 것이다. 만일 두려운 마음을 가진 사람이라면 경제적인 것과 시간적 자유를 핑계로 행복을 잃지 않았으면 한다. 육아 지옥이라는 말을 이해하지 못할 만큼 행복을 느끼는 부모들도 있지 않은가. 육아를 대하는 것도 분명 생각의 차이인 것이다.

당신이 자녀를 낳아 기르는 이유를 이렇게 생각해보자. 아이가 당신을 통해 무엇인가 깨달음을 얻기 위해 내려온 존재라고, 또 당신이 아이를 통해 더 큰 깨달음을 얻기 위한 것이라고 말이다. 어떤 일들이 있을지 설렘이 생기지 않는가? 기대되지 않는가?

당신의 자녀는 당신의 가르침으로 삶을 시작한다. 자녀가 당신을 보고 배우며 성장하는 모습을 보물찾기 놀이로 생각한다면 어떨까? 예를 들어 당신이 인사하는 모습을 보고 따라 하는 자녀를 발견했다고 하자. 정말 보물이라도 찾은 것처럼 뿌듯할 것이다.

반대로 당신이 자녀를 통해 깨닫는 것이 있을 것이다. 육아를 인생수업이라고 생각해보자. 떼를 쓰는 아이를 훈육하는 과정을 예로 들면 이 과정에서 인내심의 한계를 느낄 수도 있고 인내심의 한계를 극복하는 것을 배우게 될 것이다. 피할 수 없으니 부딪히고 극복하며 나를 성장시킬 수 있는 인생 수업인 것이다.

자녀 계획이 없는 사람들 중 자신의 성공을 우선적으로 생각하는 사람이 있다. 하지만 그들이 결혼이나 출산을 미루거나 포기했다고 성공했는가? 아마도 그런 사람은 흔하지 않을 것이다. 그리고 어떤 사람들은 주변 사람들이 모두 결혼한 뒤에 깨닫게 된다. 진정한 행복은 가정을 이루었을 때 찾아온다는 것을. 하지만 결코 행복한 일만 일어나지는 않는다. 당신이 생각하는 것에 따라 변화가 찾아오는 것이다.

육아가 단순히 힘들다고 지옥이라고까지 말하는 사람들이 있다. 하지만 또 다른 행복을 선물받는 것이라고 생각하면 어렵지 않게 결정할 수 있을 것이다. 다시 강조하지만 분명히 생각 차이다.

우리나라 속담 중 '고슴도치도 제 새끼는 함함하다.'라는 말이 있다. 뾰족한 가시가 온몸을 뒤덮었지만 자신의 새끼의 가시는 보드랍다고 느끼며 애지중지 키우는 것을 빗대어 표현한 것이다. 알고 있겠지만 고슴도치는 태어날 때부터 가시를 가지고 있다. 그러나 부모 고슴도치는 새끼를 품에 안고 사랑스럽게 보듬어준다. 사람도 마찬가지다. 자녀가 아무리 잘못을 해도 보듬어주지 않는가? 범죄를 저질러도 내 자녀는 소중하게 생각하는 것처럼.

오랜 기간의 연애 끝에 결혼을 약속한 커플이 있다. 하지만 그들은 결혼을 하지 못했다. 함께 살며 서로 다투는 일이 많아졌다. 사소한 것으로 인해 큰 싸움이 되는 때도 있었다. 그래서 그들은 성격 차이를 이유로 파혼하게 되었다. 몇 달 뒤 여자는 다른 남자를 만나 결혼을 했다. 하지만 남자는 그렇게 하지 못했다. 여자와 헤어진 후 독신으로 살기로 한 것이다. 사랑했던 여자가 자신의 친구와 결혼을 했기 때문이다. 배신감이 사랑에 대한 불신으로 커졌고 결국 독신으로 살자는 결심을 하게 된 것이다. 충분히 가능한 일이라고 생각한다. 하지만 안타까운 점은 다재다능한 능력과 훤칠한 외모를 겸비한 그가 더 행복한 삶을 살 수 있는 기회를 놓치게 된 것이다.

2009년 개봉한 앤 플레쳐 감독의 〈프러포즈〉라는 영화가 있다. 성공 가도를 달리는 여자 편집장과 그녀의 남자 비서가 주인공이다. 영화에서는 여주인공이 모국인 캐나다로 추방당할 위기에 처하면서 자신의 남자 비서와 계약 결혼을 하게 되는 과정을 그렸다. 여주인공은 자신의 성공을 포기하지 못해 결국 계약 결혼을 하기로 결심한 것이다. 하지만 그 과정에서 그녀는 진심으로 남자 비서를 사랑하게 된다.

여주인공의 모습에서 현재 우리 주변의 사람들이 보였다. 성공을 위해 미루거나 포기했던 또 다른 행복을 결국 어떠한 과정을 통해 깨닫게 되는 것이다.

우리는 어떠한 계기로 인해 포기했던 것을 시간이 지나고 단순한 일이라고 알게 되는 때가 있다. 결혼과 출산도 마찬가지라고 생각한다. 부와 명예가 없어도 부모가 되는 사람이 있는 것은 이러한 생각의 반증이 될 것이다. 행복을 위해 살게 된 사람도 부와 명예를 누릴 수 있다. 성공한 사람들에게도 가정이 있다는 것을 기억하자.

자녀를 통해 세상을 다 가졌다고 생각해보자. 행복하지 않은가? 행복한 삶을 영위하고자 한다면 분명 당신에게도 성공한 삶이 덤으로 찾아올 것이다. 다소 시간이 걸릴 수 있다. 모든 성공에는 시간과 노력이 필요하지 않은가? 그 과정을 참아내기 힘들다면 성공은 점점 멀어져갈 것이다. 우리가 행복하다면 자녀에게도 전해진다. 자녀도 세상을 다 가진 기분을 느끼게 해주어야 하지 않을까?

육아가 처음인 아빠에게 보내는 단단한 한마디

육아가 힘든 것은 사실이다. 하지만 세상을 다 얻었다는 기쁨을 안겨준 자녀가 있지 않은가? 먼저 육아에 대한 편견을 깨는 것이 중요하다. 생각이 바뀌어야 다른 시각으로 바라볼 수 있다. 다른 시각으로 바라본다면 더욱 긍정적인 면을 더 많이 볼 수 있을 것이다.

2 장

나
아무래도
육아 체질이
아닌가 봐!

01

나 아무래도 육아 체질이 아닌가 봐

〰️〰️〰️〰️〰️〰️〰️〰️〰️〰️〰️〰️〰️〰️〰️〰️〰️〰️

행복은 항상 그대가 손에 잡고 있는 동안에는
작게 보이지만, 놓쳐보라. 그러면 곧 그것이
얼마나 크고 귀중한가를 알 것이다.

– M.고리키

육아 체질인 사람은 아무도 없다

'종이접기 아저씨' 김영만 선생님은 종이접기로 아이들의 동심을 울렸다. 그는 종이접기를 하는 과정에서 유행어까지 만들어 낸 사람이다. '참 쉽죠?'가 그의 유행어이다. 그는 '참 쉽죠?'라는 말을 하는 이유를 한 방송프로그램에서 말한 적이 있다. 우리의 머릿속에 '쉽다'는 말을 각인시키기 위한 것이라고. '어렵다'가 머릿속에 새겨진다면 어렵게 느껴지고 하기 싫어질 것이다. 육아도 종이접기를 하듯 쉽다고 생각해보자. 그럼 아이의 옹알이가 무슨 말인지 알아들을 수 있게 될 것이다. 아이의 눈빛만 봐도 무엇을 원하는지 알 수 있게 될 것이다.

육아가 지옥이 되는 이유는 바로 자신에게 있다. 지옥같이 힘들다는 일부 사람들의 말에 휘둘리면서 지옥이라고 생각한다. 지옥이라는 육아를 경험해보지도 않고 육아를 지옥이라고 두려워하는 사람도 있다. 생각은 모든 말과 행동을 지배한다. 육아가 천국이라고 생각해보자. 그럼 아이를 보는 시선이 달라질 것이다. 부디 자신을 지옥으로 빠뜨리지 않기 바란다.

육아가 체질인 사람은 없다. 다만 아이를 사랑하는 마음이 큰 사람일 것이다. 당신은 당신의 아이를 사랑하는가? 그 마음의 크기만큼 아이에게 더 관심을 가지게 될 것이다. 마음이 없는데 육아를 하기에는 심적으로 힘들기 때문이다. 육아 관련 서적을 읽어보았다면 알 수 있을 것이다. 육아는 결코 체질로 하는 일이 아니라는 것을.

산후조리원이나 어린이집 선생님들에게 이런 질문을 했다.

"당신의 아이도 아닌데 어떻게 그 많은 아이들을 케어하나요?"

그녀들의 대답 중 가장 인상 깊었던 것은 이 말이다.

"내 아이라고 생각하면 사랑스럽게 보여요. 그 생각이 아이들을 돌보는 것을 일로 느끼지 않게 하는 것 같아요."

그녀들은 실제로 다른 사람들의 아이들을 돌보는 '일'을 하는 사람들이다. 하지만 내 아이를 돌본다는 생각으로 아이들을 사랑으로 대하는 것이다. 하물며 당신은 당신 자녀를 돌보는 것인데 그렇게 못 할 이유가 있을까?

영국의 문학가 새뮤얼 존슨은 짧은 인생은 시간 낭비로 더욱 짧아진다는 말을 했다. 우리는 시간이 없다는 핑계를 대며 시간 낭비를 한다. 그래서 더 유익하게 보낼 수 있는 시간이 줄어든다. 육아에서는 어떠한가? 돈을 많이 벌기 위해 일을 한다는 핑계를 댄다. 하지만 타임머신이 발명되기 전까지는 시간을 되돌릴 수 없다. 그렇기 때문에 당신은 자녀와의 현재를 즐길 수 있어야 한다. 당신이 자녀와 함께하지 않는 시간만큼 자녀와의 거리가 멀어지기 때문이다. 무의미하게 시간을 낭비하지 않기 바란다.

『2억 빚을 진 내게 우주님이 가르쳐준 운이 풀리는 말버릇』의 저자 고이케 히로시는 책에서 이렇게 말한다.

"가족이라는 건 사랑이라는 에너지의 원천이면서, 다양한 전제를 만들어주는 존재이기도 한 거야."

가족이 사랑의 원천이기도 하지만 사랑이 없다면 가족도 생길 수 없다. 가족이 있기에 행복을 맞이하는 전제 조건이 성립되기도 한다.

사람은 누군가에게 사랑을 줄 때 비로소 사람으로서 생명력을 얻는다. 만약 누군가를 사랑하는 마음이 없는 세상이라면 어떤 일이 벌어질까? 세상은 우울과 같은 부정적인 것들로 가득하게 될 것이다. 사랑이라는 감정을 느껴본 사람은 알 것이다. 한없이 지루하고 우울한 삶 속에서 누군가를 사랑했을 때 행복이 찾아온다는 것을. 누군가를 사랑하면 행복해지고 혼자 있는 시간마저도 기쁨으로 가득할 것이다. 그 사랑이 짝사랑이든 서로를 향한 사랑이든 말이다.

자신을 사랑하는 것도 마찬가지다. 나 자신을 사랑할 수 없는데 부와 명예가 무슨 필요가 있을까? 사랑이라는 감정이 있어야 베풀 수 있다. 베풀 수 있어야 감사한 마음도 생길 것이다. 나를 사랑하는 것에서 육아를 시작해보자. 모든 일은 작은 것부터 시작된다. 나를 사랑하고 배우자를 사랑하기 시작하면 사랑의 결실인 자녀를 맞이하게 될 것이다. 그리고 그 사랑은 자연스럽게 자녀에게도 이어지게 될 것이다. 여기서 나를 사랑하는 것은 무조건 나만의 시간을 보장받으라는 것이 아니다. 사랑하는 가족들과 대화를 통해 만들어져야 하는 것이다.

육아도 습관이다

『성공을 위한 비즈니스』의 저자 B. 그라시안은 다음과 같이 말했다.

"쉬운 일은 어려운 듯이, 어려운 일은 쉬운 듯이 하라."

이 말은 비즈니스에서만 통용되는 말이 아니다. 육아는 결코 만만치 않은 행위이다. 하지만 어렵게만 생각하지 말자. 쉬운 것으로 여기면 쉬운 것이 될 수 있다. 다만 그것을 반복적으로 생각하고 쉬운 듯이 행동해야 한다. 그래서 육아도 나의 체질인 것처럼 생각해야 하는 것이다.

어쩔 수 없이 육아를 한다고 말하는 사람들이 있다. 그들이 말하는 어쩔 수 없다는 것의 의미는 무엇일까? '아이가 생겼으니 어쩔 수 없다. 아이가 태어났으니 돈은 없지만 어쩔 수 없다.' 등 여러 의미가 있을 것이다. 그 의미를 긍정적으로 해석해볼 필요가 있다고 생각한다. 이렇게 말할 수 있지 않을까? '소중한 존재가 나에게 왔는데 어떻게 그 소중함을 못 본 척 할 수 있을까? 내가 사랑을 베풀 수 있는 기회인데 돈이 없다고 포기할 수 있을까?' 만일 이렇게 생각해본 적이 없다면 지금부터라도 이렇게 생각해보자. 긍정의 말 한마디가 모든 부정적인 생각을 잊게 만들수 있으니 말이다.

대한민국은 현재 저출산 문제로 고민하고 있다. 우리는 이 문제를 심각하게 생각해보아야 한다. 이로 인해 나라가 소멸될 수도 있는 위기에 처해 있기 때문이다. 우리는 더 이상 육아가 체질이 아니라거나 나의 성공이 먼저라는 핑계를 대서는 안 된다. 육아에 대한 인식을 바꿀 필요가 있다. 그리고 나라 정책에 대한 관심을 쏟고 세상을 바꾸려고 해야 한다. 그래야 더 좋은 복지 속에서 행복하게 육아를 할 수 있으니 말이다.

대부분의 사람은 힘들 때나 하기 싫은 일을 할 때 핑계를 만든다. 육아를 하기 어렵다고 생각하거나 하기 싫다고 생각한다면 관심조차 갖기 어렵다. 현재 상황에 불만하며 포기하기 보다는 관심을 가지고 목소리를 내야 할 때인 것이다. 대한민국의 육아 체질이 충분히 개선할 수 있다는 믿음을 가지자. 환경 탓을 할 시간에 환경을 바꿔보려는 노력을 함께 해보자. 삶은 결국 믿음대로 이루어진다. 함께 노력한다면 더 많은 사람들이 행복한 방향으로 나아갈 것이다.

당신은 오늘도 도전하는 삶을 살고 있다. 그리고 어떤 일에는 좋은 결과가 나왔을 것이고 또 다른 일에는 실패를 경험했을 것이다. 하지만 실패했다고 부정적인 생각을 마음속에 가득 채운다면 세상을 부정적으로 보게 될 것이다. '생각대로 T'라는 예전 어느 통신 회사의 광고 카피처럼 생각대로 삶을 살게 된다는 것을 명심하고 더 이상 체질 탓만 하지 않기 바란다.

체질은 습관에서 비롯된다. 태어날 때부터 어떤 체질인지 명확하게 보이는 경우는 없다. 다만 어떠한 경험을 하고 그것을 반복했을 때 나의 체질이 되는 것이다. 지레 짐작으로 겁먹고 포기하지 않았으면 한다. 살다 보면 누구나 도전적인 순간에 직면한다. 우리가 원하든 원하지 않든 그럴 것이다. 그것을 기회라고 생각하면 결코 그냥 지나치지는 않을 것이다.

육아도 다른 일처럼 조금씩 시도해본다면 자신이 변화하는 것을 느낄 수 있을 것이다. 사소한 일도 꾸준히 하다 보면 결국 결과가 나오는 것처럼 말이다. 변화는 빠르게 오기도 하지만 천천히 오기도 한다. 그러므로 지금 당장 결과가 없다고 좌절하거나 포기하지 않기 바란다.

육아가 처음인 아빠에게 보내는 단단한 한마디

태어났을 때부터 육아가 체질인 사람은 없다. 단지 부모가 된 후 자녀에 대한 사랑이 그것을 만들어가는 것이다. 사랑이란 감정은 변화에 대해 도전하는 것을 쉽게 만들 수 있다. 그리고 그것을 지속할 수 있게 하는 힘이 있다. 육아는 사랑으로 시작해 계속한다면 그리 어려운 일이 아니라는 것을 알게 될 것이다.

육아가 두려운 이유

무슨 일이건 그렇지만
최초의 균열은
내부로부터 온 것이다.

– 이문열

익숙하지 않아 두렵다

성경 욥기 8장 7절에 "네 시작은 미약하였으나 네 나중은 심히 창대하리라"라는 구절이 있다. 누구나 처음 시작은 서툴고 완벽하지 않다. 그러나 익숙해지면 쉽게 느껴지고 점차 목표에 가까워지게 될 것이다. 세상에는 금방 해결할 수 있는 문제들이 많다. 하지만 처음 무엇인가 시작하려고 하면 두려움을 느낀다. 경험해본 적이 없기 때문에 경험했던 것보다 더 큰 거부감이 들 수도 있다. 하지만 시작 없이는 발전할 수도 없다. 성공한 사람들도 '시작'했기 때문에 지금의 부를 누리는 것이다. 당신도 그들처럼 '시작'한다면 목표와 근접해질 수 있다.

우리가 처음 학교에 입학 했을 때를 생각해보자. 설렘과 동시에 새로운 세상에 뛰어든다는 두려움이 조금 있었을 것이다. 하지만 학교생활을 시작하는 것에 두려움을 느끼고 그만둔 사람은 거의 없다. 특별한 경우가 아니라면 누구나 맞이하게 될 현실이다. 그 현실을 부정하거나 피할 수 없다면 정면으로 돌파해 승부를 봐야 하는 것이다.

회사에 입사할 때도 마찬가지다. 새로운 환경이 눈앞에 있으면 모든 사람은 잠시라도 걱정을 하게 된다. 하지만 그것을 극복하는 것은 더 많은 긍정적인 요소들이 작용하기 때문이다. 혹 시작 없이는 이룰 수 있는 것이 없다는 것을 아는 사람일 것이다.

새로운 사람들이 있는 새로운 공간에 가는 것 자체가 두려울 수 있다. 하지만 그곳에 가면 100% 부자로 만들어준다고 가정해보자. 당신은 어떻게 하겠는가? 당연히 가야 하지 않을까? 그 상황으로 이끄는 것은 아마도 부자로 만들어준다는 확신이 있기 때문일 것이다. 하기 싫고 두려운 상황에 마주해도 행복한 상상을 하자. 그리고 확신을 가지자. 그렇다면 분명 육아에 대한 두려움이 사라질 것이다.

육아를 하는 경우에는 매 순간 두려울 수 있다. 아이가 다치면 어쩌나, 아프면 어쩌나 등 많은 두려움이 있을 것이다. 하지만 그런 순간조차도 극복해 낼 수 있을 것이다. 당신이 두려움을 극복하고자 한다면 그 상황을 받아들이는 마음까지 변화될 수 있으니 말이다.

『아주 작은 습관의 힘』의 저자 제임스 클리어는 책에서 이렇게 말한다.

"자신의 어떤 모습에 자부심을 가질수록 그와 관련된 습관을 유지하고 싶어 한다."

이 말을 육아에 빗대어 이렇게 표현할 수 있다. '자신이 성공한 아빠(엄마) 됨에 자부심을 가진다면 그에 맞는 육아습관들을 유지할 것이다.' 이처럼 수많은 사람은 성공을 위해 마인드를 바꿀 것을 이야기한다. 육아에 대한 두려움은 결코 자신감의 유무에 따라 판가름 나는 것이 아니다. 내가 그 모습을 이루게 될 것이라는 확신으로부터 나온다고 생각해야 한다.

임신은 새로운 존재의 탄생이다. 그 자체만으로 설렘과 행복을 느낄 수 있다. 물론 두려움도 함께 생길 것이다. 하지만 두려움을 가지고 긍정적인 면들을 잊는다면 한 번뿐인 인생이 너무 지루해지지 않을까? 부디 자신에 대한 확신을 가지고 두려움을 이겨내기바란다.

세상에 처음부터 익숙한 것은 하나도 없다
벤저민 프랭클린, 링컨 대통령, 앤드류 카네기, 토머스 에디슨. 이들의 공통점은 무엇일까? 정규 학교 교육과 거리가 멀었다는 점과 전형적으로 자수성가했다는 점이다. 이들 중 에디슨은 사람들에게 다음과 같이 말했다.

"뭔가를 포기했을 때가 사실은 성공의 문턱 바로 앞이었을 때가 많습니다. 실패란 바로 그런 것입니다. 포기하지 마세요. 당신의 조상들이 그러했던 것처럼 용감해지세요. 굳건한 신념을 갖고 전진하십시오."

그렇다. 당신이 육아를 위해 무엇을 포기했는가? 그렇다면 그 또한 성공을 하기 위한 문턱을 넘는 일인 것이다. 이때 당신이 육아를 통해 더 성장할 수 있다는 확신을 가지고 임해야 한다. 그렇게 함으로써 결국 성공한 아빠의 대열에 오를 수 있을 것이다.

대부분의 사람이 포기했다는 것 중 대표적인 것이 있다. '시간'이다. 엄밀히 말하면 '시간의 자유'이다. 이것을 원하는 사람들은 대부분 육아를 하는 시간에 자신을 더 성장시키고 싶을 것이다. 사회적 지위나 남들이 부러워하는 성공적인 삶을 영위하고자 한다. 하지만 그것은 젊은 시절의 열정과 패기일 가능성이 많다. 우리나라의 2035년 만 60세 이상 독거노인 예상치는 300만 명 이상이라고 한다. 그 독거노인 중 성공한 사람은 몇이나 될까? 그중 진정으로 행복을 느끼는 사람은 몇 명이나 될까?

우리나라의 육아 관련 복지가 아직은 선진국만큼 발전하지는 못했다. '헬 조선'이라고 불리는 대한민국의 8090세대라면 어느 정도 이해할 것이다.

복지를 탓하며 독신주의라고 외치는 사람들이 늘어간다. 그들도 독거노인이 된다. 한편으로는 과연 독신으로 살아갈 그들이 끝까지 지금처럼 행복할지 의문을 가지게 된다. 이런 의문 때문인지 주변 사람들이 결혼한 모습을 보아서인지 몇몇 독신주의자는 생각을 바꾸기도 한다.

육아에 도전정신이 필요한 것은 사실이다. 어떠한 선택이든 한 가지를 포기해야만 다른 한 가지를 얻을 수 있는 것도 사실이다. 하지만 육아를 위해 포기하는 것이 정말 성공하는 것을 완전히 포기하는 것일까? 물론 시간이 줄어드는 것은 맞다. 하지만 그 일들을 전혀 못하는 것은 아니다. 성공자의 대부분이 누군가의 아빠이자 엄마라는 사실이 그 반증이 될 것이다.

자신의 삶을 바꾸지 않으면서 성공을 바라는 사람이 대부분이다. 성공은 결코 변화 없이 찾아오는 것이 아니다. 나의 생각을 바꾸고 나의 행동을 바꿔야만 성공이 다가온다. 당신은 더 용기를 가질 필요가 있다. 그리고 어떠한 상황이 찾아와도 결국 이뤄낼 것이라는 신념을 가져야 한다.

내가 간절히 이루고자 하는 바가 있다면 확신을 가지고 나아가야 한다. 모든 성공자의 공통된 마인드이다.

당신이 이미 성공자라면 믿겠는가? 세상에 태어난 것 자체가 당신이 성장의 기회를 얻은 것이다. 그리고 성장의 기회를 놓치지 않고 매일 성장하는 삶을 살지 않은가? 당신은 이미 매일 성공을 이루는 삶을 살고 있는 것이다. 명심보감에서는 한 가지 일을 경험하지 않으면 한 가지 지혜가 자라지 않는다고 했다. 부디 육아를 통해 더 성장할 수 있는 기회를 놓치지 않기 바란다.

'무서워, 난 못 하겠어.'라고 끊임없이 부정적으로 생각하면 당연히 부정적인 결과가 나온다. 그에 반해 '할 수 있다.'라고 생각하고 말한다면 결국 이루어낸다. 아마도 사람마다 부정적으로 생각하는 일이 천차만별일 것이다. 그만큼 자신의 선택에 따라 인생의 변수도 제각각이다. 당신 혹은 당신의 지인이 육아를 하지 않겠다고 선택할 수도 있다. 그 누구도 한 사람의 선택을 강요할 수는 없다. 하지만 조금 더 나은 방향은 보여줄 수 있다. 육아하는 사람들의 장단점을 제대로 확인하고 선택하기 바란다. 때로는 전문가들의 도움을 받는 것도 추천하는 방법 중 하나이다. 전문가들은 여러 유형의 사람들을 만나기 때문에 더 많은 조언을 해줄 수 있을 것이다.

처음부터 대통령인 사람은 없다. 처음부터 성공자라고 불리는 사람도 없다. 우리 모두 부모가 되는 것은 처음이다. 부모도 한 인격을 가진 사람이고 자녀도 한 인격을 가진 사람이다. 그러니 함께 성장해간다고 생각하자. 두려움보다는 설렘이 생길 수도 있다. 내가 부모가 되면 어떤 모습이 될지를 상상하자. 마음속으로 처음 경험하는 것에 대해 두려워하지 않기 바란다. 부모가 되어 육아를 한다는 것은 생각보다 설레고 행복한 일이다.

당신은 어떤 일을 100% 성공하지는 못할 것이다. 성공을 위한 실패도 경험할 것이다. 두렵다는 생각 하나로 더 행복한 내일을 포기하지 않았으면 한다.

지금 우리 세대는 '독립 운동가'의 길을 걷는 것처럼 보인다. 갑자기 독립운동이 왜 나오는지 의문이 생길 것이다. 독립운동과 육아, 둘 다 나라의 소멸을 막기 위한 것이기 때문이다. 옛 독립 운동가는 왜 자신의 모든 것을 바쳐 나라의 독립을 위해 싸웠을까? 단순히 침략세력에 대한 반감을 가졌기 때문만은 아닐 것이다. 나라가 사라진다면 국민의 힘이 사라지고 자유도 사라진다는 것을 알았을 것이다. 우리가 지금 성공을 위해 달릴 수 있는 것도 나라가 있기 때문에 가능한 것이다. 부유함이 문명을 낳지는 못하나, 문명은 부유함을 낳는다는 비처의 말을 기억하자.

독립운동가 신채호 선생은 '역사가 없이는 미래도 없다'는 말을 남겼다. 그만큼 역사를 잇는 것은 중요한 일이고 나라를 유지하는 것도 마찬가지인 것이다. 현재 생존한 독립 운동가는 없다. 하지만 역사를 잇는 지금 세대의 부모를 '독립 운동가'라고 해도 무방하지 않을까?

육아가 처음인 아빠에게 보내는 단단한 한마디

모든 성공자들은 어떤 일에 도전하는 것을 두려워하지 않았기 때문에 성공을 이룰 수 있었다. 부모가 된 모습에 자부심을 가지는 것처럼 마인드 변화를 도모한다면 두려움을 극복하기 쉬울 것이다. 성공자 마인드는 육아에도 적용된다는 사실을 기억하도록 하자.

03

육아법이 왜 이렇게 많아?

~~~~~~

자식은 부모의 언행을 따라 한다.
그러므로 자식의 말투로
부모의 성격을 알 수 있다.

– 탈무드

어떤 교육이 우리 아이에게 맞을까?

육아법이란 사전적 의미로 아이를 잘 기르는 방법이다. 그런데 세상에
는 육아법이 너무나 많다. 왜 그럴까? 당연한 이야기지만 다양한 성향의
아이들을 양육한다는 것이 그 이유이다. 그리고 모든 사람이 육아를 하
는 방식이 다를 수밖에 없기 때문이다. 그렇다면 어떤 교육이 우리 아이
들에게 맞을까?

프랑스 육아법이 있다. 영·유아기부터 아이에게 자립심, 책임감, 독
립심, 인내심을 길러주는 양육법이다. 아이를 존중하는 태도로 일관하며
때로는 부모가 냉정한 판단을 내리는 경우도 있다. 특별한 육아법 때문

일까? 프랑스 아이들은 유난히 인내심과 자립심이 강하다. 또한 프랑스 부모들은 아이들이 독립심이 강하다고 해서 사회성이 떨어지지 않도록 인성 교육도 함께한다. 이 육아법의 기본은 인내심을 가지고 모든 것을 처음 배우는 아이를 존중해주며 기다리는 것이다. 그리고 통제와 자율의 기준을 명확히 하는 것이 핵심이다. 우리나라에서는 무슨 일이든 빨리 해야 된다는 생각을 가지고 있다. 부모의 인내가 길지 않다는 것이다. 그리고 규칙을 정해놓고서 마음이 약해져 규칙을 지키지 않는 경우도 있다.

이 육아법은 정해놓은 규칙 안에서는 엄격하지만 규칙 외적으로는 자율성을 준다. 이렇게 규칙으로 통제한다고 해도 아이가 반감을 가지지 않는다. 규칙을 지켰을 때 오는 보상 덕분이다. 보상은 선물을 사주는 것 대신 아이와의 시간을 보내는 것이다. 그리고 프랑스 부모는 아이를 통제해야 하는 기준 안에서 훈육하는 것을 불안하게 느끼지 않는다. 이는 한국 부모가 훈육을 하며 불안해하는 현상은 프랑스보다 많다고 통계를 통해 밝혀졌다. 한국 부모는 아이가 울면 불안해하며 아이의 바람대로 해주려고 한다. 이 때문에 아이는 혼자 해결하기 보다는 울음을 터뜨리며 부모에게 더 의지하게 된다. 이것은 아이가 성장하며 겪는 시련과 좌절의 시간에서 스스로 쉽게 벗어나지 못하게 한다. 엄격한 통제와 자율이라는 보상을 적절히 융화시켜 자녀의 독립심과 인내심을 길러줄 수 있는 육아법이라고 할 수 있을 것 같다.

유대인들의 교육법으로 유명한 '하브루타 육아법'이 있다. 이 육아법은 유대인들의 전통과 역사를 잇는 방법이기도 하다. 유대인들은 3세부터 5세 때까지 알파벳을 교육한다. 5세 때 부터는 유대인의 성경이자 모세 오경인 '토라'를 배운다. 이를 통해 히브리어와 삶의 지혜를 배운다. 15세 때부터는 유대인 율법학자들인 랍비들이 토론하고 논쟁한 역사, 철학, 문학, 과학, 의학, 법률 등의 주제를 접목시켜 삶의 지혜를 해설한 『탈무드』를 읽고 토론한다. 이 토론하는 방식의 수업은 미취학 자녀도 당연히 함께한다. 1대1 교육이 원칙인 탈무드 교육을 실행한다. 이때 서로의 의견을 공유하고 그 속에서 여러 가지 상황에 대한 대안을 도출하는 연습을 하는 것이다. 이를 통해 생각이 깊어지고 광대하게 넓어질 수 있다. 또한 자연스레 한 가지 문제를 보고도 여러 질문을 하며 더 나은 방향으로 성장하게 된다. 이 육아법은 사고의 다양성, 유연성, 창의성을 높여주는 방법이다.

유대인은 자기 전에 책에 대한 집중도도 높아지고 부모의 책 읽는 목소리를 들으면 정서적으로 안정이 되기 때문에 '베드 사이드 스토리'를 통해 일석이조의 효과를 내는 교육도 함께한다.

핀란드 육아법도 이미 많이 알려져 있는 육아법 중 하나이다. 이 육아법의 특징은 공부가 아닌 놀이에 기초한 학습을 강조하는 것이다. 그리고 집중력을 중요시하는 육아법이다. 놀이를 하는 동안에는 기본적인 안전을 중요시하고 아이들에게 알맞은 자극을 주려고 노력한다. 핀란드는 모든 경험을 통해 스스로 배움을 할 수 있도록 환경을 제공해준다. 놀이를 하면서도 아이가 다칠까 봐 걱정하며 함께하는 것보다 지켜보는 것이다. 놀이 중에 아이가 다쳤을 때 '놀이를 하다가 다칠 수도 있다'는 것을 몸소 체험할 수 있게 하는 것이다. 물론 큰 위험이 따르는 놀이에 대해서는 주의를 주거나 통제해야 한다. 이런 경우에는 부모의 엄격하고도 명확한 기준이 필요하다.

핀란드는 6세 아이들을 대상으로 취학 준비반을 운영한다. 이 과정은 4시간 동안 놀이를 통한 수업을 한다. 그리고 초등학교 입학을 위한 시험을 치르게 된다. 시험과목은 수학, 핀란드어, 집중력 등이다. 이 결과에 따라 입학이 결정되기도 하고 아이들에 맞는 교육 과정을 결정하기도 한다. 집중력을 평가하는 이유는 무언가를 배우는 학교생활에도 즐거움을 느끼게 하는 것이 본질적인 목표이기 때문이라고 한다. 그리고 학교에 입학 후에는 집중력 향상에 대한 교육 방식을 적용하고 실제로 그렇게 교육한다. 집중력을 향상시키고 싶다면 이 육아법도 유용할 것이라고 생각한다.

이외에도 많은 육아법이 있지만 가장 잘 알려진 육아법에 대해 소개를 한 것이다. 내 아이를 위해 어떤 육아를 해야 하는지를 선택하는 것은 부모에게 달렸다. 그리고 자녀의 기질이 어떤지에 달렸다. 모든 자녀에게 동일한 것을 적용할 수는 없을 것이다. 사람마다 성격이 다르기 때문이다. 자녀가 올바르게 자라길 바란다면 주변 사람들의 시선을 이겨내는 것도 중요하다. 또한 부모가 확실한 육아 방침을 가지고 있어야 자녀도 부모의 육아 방식을 인정할 수 있을 것이다. 자신의 아이가 규칙을 어기지 않도록 하고 싶은가? 그렇다면 사전에 주변 지인들에게 양해를 구하는 것도 육아 방침을 지킬 수 있는 방법 중 하나가 될 것이다.

육아 교육에도 기초가 있다

사람은 살아가는 데 필요한 거의 모든 정보를 외부로부터 보고, 듣고, 느끼게 된다. 이는 자녀들이 나이에 상관없이 외부의 영향을 받고 자라게 된다는 말과 같다. 부모의 영향으로 어떠한 행동을 하게 되거나 하지 않게 되는 것처럼 말이다. 부모는 자녀가 살아가며 겪게 되는 어떠한 일에 대한 판단의 기준이 될 수 있다. 부모가 하는 행동을 어린 자녀가 똑같이 따라 하는 경험은 누구나 한 번쯤 해본 적이 있을 것이다. 이 현상만 보아도 알 수 있다. 물론 외부의 영향은 부모뿐 아니라 모든 새로운 경험을 말한다. 아직 경험이 많지 않은 자녀들은 매 순간 새로운 것을 경험하고 흡수하려는 시도를 한다.

사람은 남녀노소 불문하고 스펀지와 같다. 필요한 것에 대해 내 것으로 만드는 흡수 작용을 하며 살아간다. 성인이라면 흡수해야 하는 것에 대한 판단 기준이 어느 정도 세워진 상태이지만 어린 자녀들은 아직 세상에서 직간접적으로 경험해보지 못한 것이 넘쳐난다. 그래서 대부분의 가정에서 자녀들은 가장 가까이 지내는 부모를 통해 간접적으로 세상을 경험하게 된다. 따라서 부모는 자녀에게 좋은 것을 받아들일 수 있게 판단 기준을 만들어주어야 한다.

앞서 말한 흡수력을 이용한 모든 자녀 교육법의 기초가 되는 것이 있다. 바로 '솔선수범 육아법'이다. 아마 솔선수범이란 단어만 보아도 공감을 할 것이다. 세상 어떤 육아법이든 이것이 제대로 이뤄지지 않았다면 자녀들은 세상과의 괴리감을 맛보게 될 것이다. 부모가 아이에게 바라는 대로 똑같이 행동하지 않는 상황이라고 가정하자. 이러한 상황에서 부모가 바라는 대로 자녀를 교육한다면 반감까지 갖게 될 가능성이 많다. 그래서 가끔 자녀들은 이렇게 말한다.

"아빠, 엄마는 그렇게 안하면서 왜 나는 그렇게 해야 돼요?"

좋은 아이로 양육하고자 하는가? 그렇다면 부모가 먼저 좋은 부모가 되는 솔선수범을 해야 한다.

세상 모든 것은 전염성이 있다. 기쁨, 슬픔과 같은 감정도 그렇지만 눈에 보이는 행동도 마찬가지다. '나비효과'라는 말을 들어본 적 있을 것이다. 사전적 정의로는 어느 한 곳에서 일어난 작은 나비의 날갯짓이 뉴욕에 태풍을 일으킬 수 있다는 이론이다. 부모의 작은 행동이 자녀의 나이를 불문하고 지대한 영향을 줄 수 있다는 사실을 명심하자.

스펀지와 같은 나의 자녀가 내가 원하는 방향으로 성장해주기 바라는가? 그렇다면 그 방향으로 변화하도록 노력해보자. 그 이후에는 아이에게 맞는 자녀 교육법을 실행하자. 그렇다면 분명 부모가 원하는 자녀의 모습을 볼 수 있을 것이다.

솔선수범 육아법의 효과는 자녀에게만 있는 것이 아니다. 부모 역시 아이에게 올바른 판단 기준을 제공하기 위해 노력하게 된다. 자연스레 부모도 자녀와 함께 더 나은 사람이 되는 것이다. 그리고 부모에게 좋은 영향이 한 가지 더 있다. 육아에 관해서는 결정 장애에 빠지는 상황이 줄어들 수 있다. 어떠한 상황에 직면했을 때 고민하는 시간과 횟수가 감소한다는 말이다. 예를 들면 '자녀에게 탄산음료를 먹여도 될까?'라는 생각이 들었다고 하자. 자녀의 건강을 생각한다면 당연히 마시게 하지 말자는 결론이 날 것이다. 이처럼 자녀가 건강하기 바라는 마음이 있으니 당연히 더 건강한 방향으로 결정하게 되는 것이다. 그리고 이는 부모 또한 탄산음료를 줄여나가는 계기가 되기도 한다.

세상에는 육아법이 다양하다. 나라의 문화에 따라 다르기도 하고 부모의 가치관에 따라 다르기도 하다. 하지만 모든 육아에는 솔선수범하는 자세가 뒤따라야 한다. 그리고 명확한 육아 관념을 정해져 한다. 자녀를 특별하게 만들어줄 육아법은 없다. 다만 자녀가 스스로 특별하다고 생각할 수 있도록 돕는 것이 진정한 육아법이라고 생각한다. 이는 부모가 함께 고민하고 자녀와 대화함으로써 꾸준히 발전해야 한다는 것을 의미하기도 한다. 이러한 마인드를 가지고 육아하는 가정이 많아지면 우리나라의 지원 정책도 변화될 수 있지 않을까?

육아가 처음인 아빠에게 보내는 단단한 한마디

수많은 자녀 교육법이 있다. 하지만 기초가 되는 것은 부모의 솔선수범이다. 이것이 이루어졌을 때 자녀에게 맞는 교육법을 찾도록 해야 한다. 자녀 양육 방법을 적용하기 전 자녀의 기질을 확인하고 부모의 가치관을 명확하게 해야 한다는 것을 명심하도록 하자.

04

예쁜 여자가 다가 아니다

~~~~~~~~~~~~~~~~~~~~~~~~~~~~~~~~~~~~~

미인은 눈을 즐겁게 하고,
어진 아내는 마음을 즐겁게 한다.

– 나폴레옹

예쁘면 다야?

어느 성형외과 광고에서는 '예쁘면 다야.'라고 말한다. 물론 성형외과
이기 때문에 외모가 예쁘면 다라고 광고를 하는 것이다. 나와 평생 함께
할 배우자의 외모가 예쁠 때의 장점도 있다. 하지만 외모는 육아에서만
큼은 크게 작용하지 않는다. 장점 중에는 자녀의 외모가 예쁜 것이 있을
수 있다. 또 SNS에 육아 일상을 게시했을 때 유명세를 탈 수 있다는 것
도 장점으로 꼽을 수 있을 것이다. 하지만 이러한 장점들은 다른 것으로
대체가 가능하다. 예를 들어 SNS에 육아 일상을 올린다고 가정했을 때
자녀의 모습만으로 충분히 인기를 얻을 수 있다.

심리학에서는 진화심리학 관점에서 우리가 사람을 외모로 평가하는 것은 본능적인 행동이라고 표현하고 있다. 그만큼 당연하게 생각하는 것이다. 하지만 이것이 외모지상주의로 발전하여 좋지 않은 현상들을 만들어 내기도 했다. 인성이나 능력보다는 외모로만 사람을 채용한다거나 외모로만 판단하여 결혼을 하는 것이다. 하지만 외모지상주의인 대한민국도 이제는 변화하고 있다. 외모보다는 인성과 재능으로 판단하게 된 것이다. 아직도 외모와 관련한 편애가 있긴 하지만 과거보다는 나아졌다는 것을 여러 매체를 통해 들은 적이 있을 것이다. 그만큼 이제 외모에 연연해서 연애를 하고 결혼을 하지 않아도 된다는 것이다.

겉은 딱딱하고 어떻게 보면 위험해 보이는 과일이 있다. 바로 파인애플이다. 우리가 파인애플과 사과를 나란히 놓고 이 두 과일을 처음 본다고 가정해보자. 파인애플은 껍질만 보면 만지면 따갑고 단단하다. 색깔도 사과나 오렌지처럼 화사하지도 않다. 하지만 사과는 빨갛게 익어 화사함에 눈길이 간다. 그러면 어떤 과일을 먼저 선택하게 될까?

사람은 화려하고 예쁜 것에 눈길을 먼저 준다. 그것이 사람이든 또는 어떠한 사물이든 말이다. 처음 보았을 때 첫 인상으로 결정하는 것이다. 하지만 앞에서 말한 두 과일을 맛보았을 때 맛이 비슷하다는 것을 알 수 있을 것이다. 새콤달콤한 맛이다. 이렇게 속은 비슷한데 겉모습만 보고 판단하면 파인애플의 맛을 알 수 있게 될까?

　독을 가진 동식물은 대부분 화려하고 예쁜 모습을 하고 있다고 한다. 독버섯도 겉모습으로 사람들을 꾀어 죽음에 이르게까지 한다. 우리나라에서는 등산객들이 독버섯을 먹고 다치거나 심하면 사망까지 하는 사고를 뉴스에서도 본 적이 있다. 독을 가진 뱀도 마찬가지다. 예쁜 모습으로 다른 동물들이나 사람을 다가오게 해서 그들이 가진 독으로 사냥한다. 이처럼 동식물의 겉모습은 때로는 자신을 방어하는 약이 될 수 있지만 타인에게는 독이 될 가능성이 많다. 이는 사람도 마찬가지다.

　육아를 하는 배우자의 외모가 자존감을 높여주고 눈길을 끌고자 하는 일이 있을 때 수월할 수는 있다. 하지만 육아는 그것이 절대적으로 필요한 일이 아니다. 자녀를 사랑하는 마음이 필요하고 더 행복해지기 위해 발전할 수 있는 마인드가 필요한 것이다. 사람들은 보통 겉모습을 보고 판단을 하게 된다. 하지만 배우자만큼은 외모만을 따져서는 안 된다. 나와 평생을 함께해도 행복할 수 있는지를 먼저 생각해야 한다. 그리고 아이가 태어나도 행복할 수 있는지 함께 생각해야 한다.

　대부분의 사람은 연애를 하며 상대방을 평가한다. 평가한다는 말이 조금 무섭게 느껴질 수도 있지만 사실이다. 연애를 통해 배우자를 선택할 수밖에 없기 때문이다. 이는 배우자 선택 이론 중 케코프와 데이비스의 연구로 소개된 '여과망 이론'과 연관된 것이다. 이 이론은 한 사람을 선택하여 결혼에 이르기까지 6개의 여과망을 거치게 된다는 내용이다. 외모는 그 중 한 가지일 뿐이다.

미모가 예쁘다고 결혼 생활을 잘하는 것은 아니다

미남, 미녀가 결혼 생활을 잘할까? 그렇다면 왜 유명인들은 이혼을 하는 것일까? 모든 사람이 성격 차이라고 이야기하며 헤어진다. 성격은 모두가 다를 수밖에 없는데 말이다. 그러면 그 성격이 육아에 어떠한 영향을 미치는지 알아보겠다.

오랜 기간 여러 학자는 부모 개인의 성격이 부모의 역할에 결정적인 역할을 한다고 했다. 이는 커텔과 아이젱크라는 통계학자들이 만든 성격 목록을 기반으로 여러 학자는 이를 분석하고 보완하여 부모의 성격과 육아의 관계에 5가지 요인이 있다고 말했다. 첫째, 신경증이다. 신경증은 개인의 심리적 고통, 과도한 충동과 같은 부적응적 대처반응에 취약성을 반영한 것이다. 대표적인 예로 엄마의 우울증이 있다. 둘째, 외향성이다. 이는 활동수준, 자극에 대한 욕구, 기쁨 등에 대해 수용하는 능력을 반영한 것이다. 대부분의 외향적인 부모가 자녀에 대해 반응적이라는 것으로 나타난다. 셋째, 순응성이다. 사고나 감정, 행동에서 타인과 공감하고 조화를 이루고자 하는 성향을 반영한 것이다. 순응성이 부족한 경우 타인을 불신하며 무례한 경우가 많다. 넷째, 개방성이다. 새로운 것을 받아들이고자 하는 개방적인 정도를 반영하는 것이다. 개방성이 낮은 부모는 가부장적이거나 고지식하게 보이는 경향이 많다. 이와 반대로 개방성이 높다고 한다면 상상력이 뛰어난 성향을 가지고 있는 경우가 많다. 마지막 다섯째, 성실성이다. 이것은 목표를 설정하고 달성하기 위해 노력하는 정도를 반영했다. 이 성향이 강한 부모는 자녀 양육에서 지지적인 태도를 보였다.

대부분의 사람은 성격을 보기도 하지만 아직도 외적인 면만 확인하고 결혼하는 사람들이 있다. 성격 차이라는 이유로 헤어지는 사람들이 그 사례이다. 만일 자녀가 있는데도 헤어짐을 결심했다면 자녀에게 큰 상처가 될 수도 있다. 앞서 말한 연구 결과에서도 볼 수 있듯이 부모의 성격에 따라 자녀들이 받는 영향은 크다. 또 환경적인 요인에 의해서도 많은 영향을 받는다. 여러 가지 이유를 통해 알 수 있듯이 외적인 요소로만 배우자를 판단해서는 안 된다. 결혼 생활과 육아를 평안하게 하고자 한다면 말이다.

2006년 개봉한 김용화 감독의 〈미녀는 괴로워〉라는 영화에서는 여주인공 '강한나'가 나온다. 이 인물은 노래 실력은 출중하지만 외모는 외모지상주의에서 살아가기 힘든 모습이다. 그래서 한 남자와 외모지상주의 사회에서 사랑받기 위해 성형을 감행하고 난 후의 일을 그린다. 그 반대의 인물로 '아미'라는 캐릭터가 있다. 극 중 '아미'는 노래 실력이 없어 '강한나'가 무대 뒤에서 노래를 부르는 동안 립싱크를 한다. 그리고 스태프에게 예의가 없는 모습을 보인다. 영화를 본 사람은 알겠지만 극 중 '강한나'는 성형 이후에도 선행을 베푼다. 마음만은 순수와 여린 마음을 그대로 간직한 것이다.

이 영화에서 나오는 노래 실력을 결혼 생활에 대입해보도록 하자. 특히 육아를 예로 들면 외모가 아무리 뛰어나도 아이에 대한 진심이 없다면 육아를 하기 힘들 것이다. 대부분의 부모는 부성애, 모성애가 있다. 하지만 본래 성격이 그렇지 않은 사람이 육아를 하게 되면 쉽게 우울감에 빠지거나 화를 낼 수 있다. 그리고 그로 인해 아동학대와 같은 더 큰 실수를 저지를 수도 있다.

해외에서도 외모지상주의 관련 영화를 개봉한 적이 있다. 2001년에 개봉한 바비 패럴리 감독의 〈내겐 너무 가벼운 그녀〉다. 이 영화의 남자 주인공인 '할 라슨'은 여자 친구를 고르는 기준으로 외모를 꼽았다. 하지만 우연히 만난 심리 상담사 '토니 로빈스'의 최면에 걸려 뚱뚱한 여자가 날씬하게 보이게 된다. 그러다가 '로즈마리'라는 여자를 만나게 되는데 이

상한 상황이 발생되는 데이트 현장에서 '로즈마리'의 내면을 볼 수 있게 된다. 그녀의 성격을 알게 된 '할 라슨'은 최면에서 깬 이후에도 그녀를 사랑하게 된다. 감독은 이 영화를 통해 외모보다는 성격이라는 것을 알려주는 것 같다.

중국에서부터 시작된 관상학의 내용 중 얼굴 이외의 부분으로 분석을 하는 경우가 있다. 주름, 점, 신체의 각 부분 등을 관찰하게 된다. 또한 행동에서도 관찰하여 분석한다. 이처럼 외모에서만 그 사람의 인생을 확인할 수는 없는 것이다.

외모가 자존감을 높여주고 자신감을 갖게 하는 것일 수는 있다. 하지만 내면이 아름다운 사람이 외모가 어떻든 인격은 쉽게 변하지 않는다. 여기서 말하는 인격은 성격과 다르다. 성격은 노력을 통해 변화할 수 있다. 인격은 태어날 때부터 가지고 있는 선천적 기질을 말한다. 그렇기 때문에 외모지상주의에 속아 외모만 보고 평생 함께하게 될 배우자를 선택해서는 안 된다. 더욱이 당신과 함께 평생 자녀를 양육해야 하는 사람이면 말이다.

성격은 육아에서도 지대한 영향을 미친다. 그렇다고 외모를 가꾸어 멋진 남자, 예쁜 여자가 되는 것을 부정적으로 생각할 수는 없다. 하지만 내면을 가꾸지 않는 것은 간과하지 말아야 한다.

멋지고 예쁜 사람이 자만하거나 그것을 악용하는 사례도 있다. 잘 모를 수도 있지만 일명 '제비족', '꽃뱀'이 외모를 악용하는 대표적인 예라고 할 수 있을 것이다. 이러한 경우를 보면 당신도 알 수 있을 것이다. 외적인 아름다움이 전부가 아니라는 것을.

육아가 처음인 아빠에게 보내는 단단한 한마디

진화심리학적 관점에서 외모로 사람을 평가하는 것은 본능이라고 말한다. 하지만 결혼을 하고 자녀를 양육하는 데에 있어서 외모는 큰 비중을 차지하지 않는다. 부모의 성격은 자녀에게 미치는 영향이 크므로 내면을 가꾸도록 하자. 내면을 가꾼다면 자연스레 외면도 더 나은 모습이 될 것이다.

05

육아를 통해 얻는 것들

～～～～～～～～～～～～～～～～～

문제를 직면한다고 해서 다 해결되는 것은 아니다.
그러나 직면하지 않고서 해결되는 문제는 없다.

– 제임스 볼드윈

육아를 통해 얻는 것들

사람은 누구나 이익을 바란다. 그것이 심리적 이익이든 물질적 이익이든 말이다. 그렇게 이 시대를 살아가는 모든 사람은 주는 것을 받아야 한다고 생각한다. 그것은 육아에서도 마찬가지이다. 어린 자녀들을 양육하고 자녀들이 성장했을 때 돌려받고자 한다. 심리적으로는 사랑이 담긴 따뜻한 말 한마디가 있을 수 있다. 그리고 물질적으로는 용돈 같은 것일 수 있다. 하지만 더 값진 것을 얻을 수 있다. 육아를 통해 얻는 대표적인 것을 이야기해보고자 한다.

부모가 된다는 것은 참으로 커다란 심적 부담을 안겨주기도 한다. 내가 책임감을 가지고 돌보아야 하는 존재가 나 말고도 더 생기는 것이니 말이다. 하지만 부모이기 이전에 당신 자체만으로 '이런 사람이 바로 나'라고 할 수 있어야 한다. '나'다운 것이 무엇인지 '나'는 어떤 사람인지 알고 있어야 자녀 교육에도 참여할 의지가 커지는 것이다. 만일 단순히 내 아이에게 좋은 아빠, 혹은 좋은 엄마라는 생각만 가진다면 과연 자녀를 어떤 방향으로 이끌어줘야 하는지 쉽게 알 수 있을까?

모든 회전하는 물체에는 중심축이 있다. 그 축이 중심에서 회전하는 물체의 중심을 잡아주고 있다. 팽이처럼 말이다. 이처럼 부모는 양육에서 자녀의 중심을 잡아줘야 한다. 그런데 부모가 중심을 잃은 상태라면 어떻게 되겠는가? 자녀 또한 방황하게 되는 것이다. 이 때문에 부모가 되면 자녀 양육을 통해 중심을 잡는 계기를 갖게 되기도 한다. 즉, 무너졌던 자존감도 의지만 있다면 높아질 가능성이 많다.

성취감이라는 감정이 있다. 이것은 어떠한 목표에 도달했을 때 느낄 수 있는 감정이다. 육아를 통해서 느낄 수 있는 감정이기도 하다. 예들 들어 자녀의 수학 점수를 잘 받게 하기 위해 퇴근 후 1시간씩 함께 수학 공부를 했다고 하자. 그래서 자녀가 수학 시험 점수가 높게 나오면 목표를 이룬 것이다. 이를 통해 얻는 성취감은 자녀뿐만 아니라 함께 공부한 부모도 함께 느끼는 것이다. 또는 자녀의 숙제를 돕는데 전혀 접해보지 않았던 과제가 있다. 이 과제에 함께 도전하고 도전의 결과를 얻었을 때 그 성취감을 맛볼 수 있을 것이다. 이때의 성취감은 알고 있던 일을 했을 때보다 더 크게 느끼게 될 것이다.

독일의 소설가이자 시인인 헤르만 헤세는 이런 말을 남겼다.

"고통에서 도피하지 말라. 고통의 밑바닥이 얼마나 감미로운가를 맛보라."

육아를 지옥이라고 생각하는 사람들이 대부분일 것이다. 육아를 해본 사람이라면 더구나 직장 생활과 함께 해본 사람이라면 그렇게 느낄 만하다. 하지만 그것을 지옥이라고 생각한다면 한도 끝도 없다. 육아를 지옥이라고 생각하는 때가 온다면 한 번쯤은 천국이라고 생각해보자. 지옥이라고 비유한 것처럼 천국이라고 비유해보라는 것이다. 그럼 육아를 경험하는 일이 그렇게 힘들지만은 않을 것이다. 그리고 이것을 반복하다 보면 그 고통스럽다는 육아에서 천국의 맛을 볼 수 있을 것이다. 더불어 삶의 시련을 이겨낼 힘을 얻게 되는 것이다.

육아를 통해서는 자신감을 얻을 수도 있다. 영국의 소설가 중 아놀드 베넷이라는 사람이 있다. 그는 '어떤 일을 달성하기로 결심했으면 그 어떤 지겨움과 혐오감도 불사하고 완수하라. 고단한 일을 해낸 데서 오는 자신감은 실로 엄청나다.'라는 말을 했다. 당신이 힘든 직장 생활을 하고 퇴근해서 육아를 해야 한다고 하자. 아마 대부분의 부모가 그럴 것이다. 그렇게 지친 상태에서 육아를 하며 아이의 행복한 모습을 보게 된다면 '내가 아이에게 행복을 주었구나.'라는 생각에 보람을 느낄 것이다. 그리고 '내가 조금 더 노력하니 아이가 행복해하는구나.'라는 뿌듯함과 아이와 함께할 수 있다는 것에 자신감이 생길 것이다.

나폴레옹은 '위대한 천재의 능력을 갖고 있어도 기회가 없으면 소용이 없다.'라는 말을 했다. 자녀를 양육하기 전 당신의 능력을 육아로 인해 썩게 방치하면 안 된다. 그동안 배웠던 지식이나 잘할 수 있는 능력을 소용없다고 생각하면 얼마나 우울한가? 육아라는 것을 장애물로 생각하기보다는 기회라고 생각하자. 그렇다면 당신에게 성공의 길은 광활하게 펼쳐질 것이다. 당신이 관심이 없던 분야까지도 눈을 뜨게 될 수도 있다. 육아로 인해 가정의 행복을 찾다보면 성공의 길까지 보이게 되는 것이다.

육아휴직은 이렇게 쓰는 거야

최근 저출산 문제가 화두가 되며 육아휴직제도가 활성화되고 독려되고 있다. 많은 아빠들이 아직도 육아휴직에 대한 갈망을 하기도 한다. 하지만 정작 육아휴직에 선뜻 뛰어드는 아빠가 없다. 그래서 육아휴직제도와 이를 알차게 사용할 수 있는 방법에 대한 소개를 하겠다.

먼저 육아휴직제도에 대해 알아보도록 하자. 고용보험 웹사이트에서 이렇게 정의하고 있다. 근로자가 만 8세 이하 또는 초등학교 2학년 이하의 자녀를 양육하기 위하여 신청, 사용하는 휴직이다. 육아휴직은 근로자의 육아부담을 해소하고 계속 근로를 지원함으로써 근로자의 생활안정 및 고용안정을 도모하는 한편, 기업의 숙련인력 확보를 지원하는 제도이다.

육아휴직의 기간은 1년 이내이다. 자녀 1명당 1년 사용가능하므로 자녀가 2명이면 각각 1년씩 2년 사용 가능한 것이다. 그리고 근로자의 권리이므로 부모가 모두 근로자이면 한 자녀에 대하여 아빠도 1년, 엄마도 1년까지 사용가능한 제도이다. 이 제도는 회사에 따라 다르겠지만 조사한 바로는 공무원이나 대기업의 일부에서는 최대 2년까지 가능하다고 한다. 1년은 유급이지만 나머지 1년은 무급으로 말이다.

여성들도 출산 후 취업이나 복직을 하는 경우가 있다. 이로 인해 자녀를 양육할 여건이 안 되어 부모님께 맡기거나 어린이집을 이용한다고 한다. 그리고 그런 가정이 점점 늘어가는 추세라고 한다. 하지만 아직은 엄마들이 자녀 출산 후 직장을 그만두는 경우도 많다. 그 반대로 엄마들의 직장 생활 시작으로 인해 아빠들이 육아휴직이나 그만두는 경우도 생겨나고 있다. 물론 육아휴직을 사용하거나 직장을 그만둘 수 있는 형편이니 가능할 것이라고 생각할 수 있다. 하지만 휴직을 하지 못하는 사람들에게도 희망적인 방법이 있다. 뒤에서 설명하겠다.

먼저 육아휴직을 알차게 사용하는 방법 3가지를 알려주겠다. 많은 사람들이 사용하는 방법들이다. 첫 번째, 가족과의 추억 쌓기이다. 최근 들어 아빠들이 육아휴직 기간 동안 유튜브 채널을 운영한다. 가족과의 여행이나 일상을 영상으로 촬영하여 업로드하는 것이다. 저자 또한 '아빠육아TV', '네모왕자TV' 채널을 운영한다. 이것은 휴직 기간에도 추억도 쌓을 수 있음과 동시에 자기효능감을 높일 수 있다. 여기서 말하는 자기효능감은 어떤 일을 성공적으로 수행할 수 있는 능력이 있다고 믿는 기대와 신념을 뜻하는 심리학 용어를 말한다. 두 번째, 자기 능력 개발이다. 직장 생활을 하며 시간에 쫓겨 더디게 성장한 자신을 개발할 수 있다. 틈틈이 읽었던 책을 더 많이 읽을 수 있다. 그러다 내 이름으로 된 책을 한 권 집필할 수도 있다. 그 밖에도 자신의 몸값을 높이는 무기들을 만들 수도 있다. 세 번째, 심신의 건강 찾기이다. 점심시간에 운동이 가능하다면 할 수 있다. 하지만 같은 시간에는 어려울 수도 있다. 휴직 전 야근과 주말 근무로 지친 심신을 휴직 이후 습관으로 만들 수 있을 것이다. 새벽에 일어나 운동 패턴을 만드는 것이다. 급한 마음을 가라앉힐 수 있으니 심적으로도 안정을 찾으며 습관을 만들어갈 수 있다. 새벽 명상과 요가, 아침 조깅은 자녀가 방학 때라도 할 수 있을 것이다.

육아휴직이 어려운 부모들도 공통적으로 적용할 수 있을 것이다. 다만 육아휴직을 사용하는 가정보다는 동기부여, 체력, 노력이 더 필요하다. 하지만 사랑하는 가족을 위해서라고 생각하면 동기부여가 어느 정도 될 것이다. 경험한 바로는 육아휴직을 사용하든 그렇지 않든 큰 문제가 되지는 않는다. 그리고 단언컨대 직장 생활 중에 앞서 말한 3가지를 한다면 더 값지게 느낄 것이다. 또 더 큰 보람을 느끼게 될 것이다.

어떠한 일이든 내면의식이 중요하다. 할 수 있다는 믿음 또한 중요하다. 내가 어떤 상황에 처하든 내가 이루고자 하는 목표를 위한 기회라고 생각하자.

고이케 히로시 저자의 『2억 빚을 진 내가 뒤늦게 알게 된 소~오름 돋는 우주의 법칙』에서는 '일'은 '돈을 벌기 위해' 어쩔 수 없이 하는 것이 아니라 주문을 이루기 위한 하나의 '행동'이라는 문장이 있다. 여기서 말하는 주문을 내 삶의 비전 또는 꿈이라고 생각하면 이해하기 쉬울 것이다.

사람은 자신이 생각하고 꿈꾸는 대로 살아가게 된다. 따라서 자신의 삶을 통제하고 원하는 삶을 창조하기 위해서는 원칙을 세울 필요가 있다. 원칙은 시련과 역경에 비틀거릴 때 당신의 마음에 중심을 잡아주는 중심축이 되어준다. 따라서 어떤 어려움이 있어도 꿈을 향해 곧게 나아갈 수 있을 것이다.

육아가 처음인 아빠에게 보내는 단단한 한마디

육아를 통해서는 '나'라는 존재의 가치를 깨닫게 된다. 이 가치를 깨닫게 되었을 때 비로소 자녀 교육에 참여 의지가 커질 수 있다. 이렇게 육아를 했을 때는 성취감이 더 크게 올 것이다. 나의 가치가 자녀를 통해 확인이 되기 때문이다. 이에 따라 자신감을 얻게 되어 삶이 더 성장하게 될 것이다. 만일 육아휴직을 계획한다면 휴직 기간 동안 '나'를 찾는 일을 제외하지 않도록 하자.

06

육아 체질도 변할 수 있다

〰〰〰〰〰〰〰〰〰〰〰〰〰〰

결함이 나의 출발의 바탕이고
무능이 나의 근원이다.

– 발레리

의심은 확신을 갖지 못하게 한다

심리학에서는 확증편향이라는 말이 있다. 이는 쉽게 말해 자기가 보고
싶은 것만 보고 믿고 싶은 것만 믿는 현상을 말한다고 한다. 확증편향은
우리를 의심에 빠지게 만들거나 의심은 우리 자신을 시험하게 하기도 한
다.

반대로 당신의 마음속에는 신이 존재할 것이다. 바로 '확신'이다. 어떠
한 일에서든 확신을 가져본 적이 한 번쯤 있을 것이다. 당신에게 일어나
는 대부분의 일은 확신을 가지는 것에서 시작되기도 한다.

체질이라는 것은 충분히 인생에서 개선시킬 수 있는 것 중 하나이다. 다이어트를 하는 사람들도 식단으로 체질 개선을 하며 원하는 몸매를 갖는다. 다이어트에 성공한 사람들은 다른 사람의 체중 감량 성공담을 귀담아 듣는다. 그리고 그것을 실행한 것뿐이다. 건강을 잃고 운동을 해서 건강을 찾는 사람이 생각보다 많다. 알겠지만 건강을 잃기 전에 운동을 하는 것이 가장 좋은 방법이다.

육아에 참여하는 것도 마찬가지다. 자녀와의 관계가 소원해지며 힘들어하는 사람들이 많을 것이다. 그런 상황을 마주하기 전에 육아에 더욱 관심을 가져보는 것이 어떨까? 다이어트를 통해 원하는 몸매와 건강을 찾게 되는 것처럼 육아는 더 행복한 가정을 만들 것이다.

확신이라는 단어는 사전에 '굳게 믿음 또는 그런 마음'이라고 정의되어 있다. 육아를 하면서 확신이 안 설 때가 많은 것은 사실이다. 그 이유는 '혹시라도 내가 이렇게 행동했을 때 아이가 잘못되면 어떻게 하지?'라는 걱정도 있기 때문이다. 그럼 걱정은 어디에서 나올까? 의심에서 나온다. 그럼 의심은 어디에서 나올까? 앞서 말한 확증편향에서 오기도 한다. 또는 메타인지능력이 부족하여 나타난다. 1장에서도 말했듯이 자신이 어떤 것을 앎과 모름에 대해 분명하게 구분할 수 있는 능력을 말한다. 이는 당신이 부모라면 육아에 관심을 가지고 공부해야 한다는 것이다. 물론 많은 것을 알게 된다고 해도 모든 일에 의심을 하지 않을 수는 없다. 육아에 대한 공부를 통해 당신의 배우자와 함께 자녀 교육에 대한 신념을 확실히 할 필요가 있는 것이다. 내가 자녀에게 올바른 길을 안내하려면 말이다.

자녀 교육에서 부모의 신념이 필요한 이유가 있다. 부모의 행동에 많은 영향을 끼치기 때문이다. 정옥분 교수, 정순화 교수가 공동 집필한 저서 『부모교육』에서는 이렇게 말한다.

"부모의 태도는 신념에 근거한 것으로, 자녀를 칭찬하거나 체벌을 사용하는 것과 같이 대상에 대한 긍정적·부정적 평가 차원이 첨가된 것이다."

그만큼 자녀를 양육하는 부모의 신념은 자녀를 대하는 모든 행동에 지대한 영향력을 끼치게 되는 것이다. 그렇기 때문에 부모는 반드시 자녀 교육에 대한 확신을 가져야 한다.

다이어트 약처럼 육아에서도 체질을 개선해준다는 약이 있으면 얼마나 좋겠는가? 단편적인 예시일 수도 있지만 다이어트 약도 중간에 섭취를 중단하면 요요현상이 오기도 한다. 이를 보면 알 수 있듯이 다이어트 약은 체질 개선의 기회를 주는 것이라고 볼 수도 있다. 호르몬이나 뇌에 작용하는 신호들을 조작할 수 있는 성분으로 말이다. 하지만 안타깝게도 섭취해서 육아 체질을 개선시켜주는 약은 없다. 그러나 부모에게는 이를 대신하는 '자녀'라는 약이 있다. 부모는 자녀가 배 속에서 자라는 태내기부터 미성년자를 벗어난 성인기까지도 자녀를 양육하게 된다. 이를 통해 육아 체질 즉, 육아에 대한 관심도가 수시로 변하는 것을 알 수 있을 것이다. 대부분의 부모는 자녀를 양육하면서 '우리 아이는 왜 이럴까?'라는 의문을 품기 때문이다.

변화는 작은 것으로부터 시작된다

우리나라는 아직 부모교육에 대한 인식이 크지 않다. 그래서 아마 '바쁜데 부모교육을 받아야 하나요?'라는 질문이 나오는지도 모르겠다. 하지만 모든 일은 작은 것의 변화로부터 시작된다는 사실을 기억해야 한다.

늘 위대한 업적은 사소한 생각에서 시작이 된다. 밀도를 측정한 방법을 알아낸 그리스의 과학자 아르키메데스의 유명한 일화이다. 아르키메데스는 왕에게 왕관이 순금인지 알아내라는 명령을 받는다. 순금을 녹이지 않고 확인할 수 있는 방법을 고심했다. 그러다가 목욕 중 물이 넘치는 것을 보고 그 답을 찾아 '유레카!'라고 외쳤다고 한다. 이처럼 주변 환경

혹은 내면의 생각에서 오는 단순한 것이 때로는 위대한 업적의 시작이 되는 때가 있다.

대부분의 사람은 오늘도 '난 이래서 안 돼, 난 이것 때문에 못 해.'라는 말을 습관적으로 한다. 변화에는 용기가 필요하다. 자신이 내면에서 느끼고 생각하는 것을 외부로 표출하기 위해 스스로 동기부여를 해야 하는 것이다. 이를 용기라고 할 수 있겠다. 이것은 자극을 받았을 때 가장 크게 작용하게 된다. 육아도 인생에서 큰 자극제가 된다. 부모인 당신을 변화시키는 부분에서 말이다.

미국의 소아정신분석가 에릭 홈부르거 에릭슨은 어린 시절 출생의 비밀로 인한 따돌림을 경험했다. 그리고 스스로의 정체성 혼란을 겪었다. 이것은 그에게 자극제가 되어 심리사회적 발달 8단계를 정의하는 업적을 남기게 했다. 이 이론은 한 개인에게는 미리 정해진 8단계 발달 단계가 있다는 주장이다. 모든 사람은 각 개인의 기질을 바탕으로 사회적인 요소들과 상호작용하면서 한 단계씩 발전한다고 한다. 그리고 단계별 과업을 통해 그다음 단계로 발전한다고 한다.

부모는 한 명의 사람 즉, 하나의 인격체이다. 이를 인정한다면 당신은 변화에 대한 용기가 생길 것이다. 에릭슨은 특히 7단계에서는 자녀 출산과 양육을 통해 생산성이라는 과업을 발전시켜간다고 했다. 생산성의 개념을 발전시켜가는 것은 성인기 중반부에 중요한 발달과업이다. 그리고 이를 발달시키지 못한다면 침체성에 빠진다고 한다. 이 이론에서 말하는 8단계인 자아통합 단계에 도달하기 위해서는 자녀 양육이 필요하다는 것을 알아야 한다. 너무 이론적으로 들어가면 어려울 수 있다. 쉽게 생각하면 나를 변화시키는 요소에 육아도 있다는 것이다.

작은 것을 변화시키는 것은 다른 말로 '사소한 습관 만들기'라고 할 수 있을 것 같다. 습관이 형성되는 기간은 따로 정해져 있지 않다. 보통 21~66일의 기간 내에 형성된다는 연구 결과들은 있다. 하지만 자신이 새로운 습관이 가져오는 변화에 대해 빠르게 인정하고 당연하다고 생각한다면 습관이 되는 것이다.

이러한 습관들은 각 개인에게 변화의 시작이 된다. 보통 복권 1등에 당첨되지 않으며 한 번에 크게 성공하는 경우는 거의 없다. 모든 성공은 사소한 습관을 통해 나온 작은 성공에서 나온다는 점을 명심하자.

세계적인 농구 선수 마이클 조던의 일화를 소개한다. 농구 캠프에서 어떤 참석자가 마이클 조던에게 이렇게 물었다고 한다.

"어렸을 때 하루에 몇 시간씩 연습했나요?"

그의 질문에 마이클 조던은 이렇게 대답했다.

"시간 같은 건 신경 쓰지 않았어요. 시계를 본 적도 없어요. 지칠 때까지, 아니면 어머니가 저녁 먹으라고 부를 때까지 연습했거든요."

마이클 조던이 몸담았던 시카고 불스의 감독을 맡았던 덕 콜린스는 오늘날의 마이클을 만든 건 연습이라고 말한다.

모든 일은 믿음으로 시작하고 끝나야 한다. 믿음이 없거나 부족한 시작은 실패로 가는 것일 뿐이다. 믿음이 있어야 열정이 생겨 행동한다. 성공한 사람들이 열정이 강한 이유이다. 물론 과정에서 시행착오도 겪겠지만 그것들도 성취를 위한 과정이 된다. 따라서 당신이 하는 일들에 대해 확신을 가지는 것이 중요하다.

부모는 신이 아니다. 말하는 즉시 무엇을 실현시킬 수는 없다. 그렇기 때문에 육아에 대한 마인드 변화가 필요하다. 그리고 확신을 가질 필요가 있다. 그 이후에는 육아에 대한 공부를 소홀히 해서는 안 된다. 이것을 의식적으로라도 습관화해야 한다. 그래야 육아 체질이 변하고 더 행복한 가정을 만드는 시작이 가능해질 것이다. 늘 행복할 당신의 가정을 상상하자. 어떤 신념으로 임해야 행복한 가정을 지킬 수 있을지 고민하자. 매 순간 행복할 당신의 가정을 응원한다.

육아가 처음인 아빠에게 보내는 단단한 한마디

자신에 대해 한 치의 의심이 없다면 도전이 쉬워질 것이다. 아무리 사소한 일이라도 말이다. 대부분의 사람들은 큰 목표만 세워 예상치 못한 난관에 부딪혔을 때 포기하게 된다고 한다. 하지만 당신이 사소한 것부터 이뤄낸다면 확신이 생기며 큰 목표까지 결국 이루게 될 것이다. 사소한 습관이 확신을 만들고 결국 이루게 만드는 힘이 된다는 것을 명심하도록 하자.

07

삶에 지친 당신에게 육아를 권하는 이유

언제나 현재에 집중할 수
있다면 행복할 것이다.

– 파울로 코엘료

삶에서 필요한 것은 자극이다

심리학 용어에는 쾌락적응이라는 말이 있다. 심리학이라고 어렵게 생
각할 필요는 없다. 말 그대로 쾌락에 적응한다는 것이다. 어떠한 일이 됐
든 일정 시간이 지나면 적응한다는 것이기도 하다. 이 쾌락 또는 일상의
반복 속에서 우리는 지루함을 느끼게 된다고 한다. 이를 극복하게 해주
는 것이 바로 자극이다. 자극이란 생물에 작용하여 특정한 반응을 일으
키는 요인이 되는 외부 조건의 변화라고 사전에 명시되어 있다. 당신의
인생에서는 이러한 외부 요인이 있어야 한다. 그래야 삶이 변화되기 때
문이다.

어떤 사람들은 죽을 고비를 넘기는 일을 경험하고 나서야 새로운 삶을 살아간다. 또 어떤 사람들은 자녀가 태어나고 성격에 변화가 일어난다. 2가지 사례 말고도 무궁무진한 사례가 있을 것이다. 죽을 고비를 넘기는 일은 흔치 않다. 하지만 자녀를 임신하면서부터 변화되는 일을 보고 겪은 적이 있을 것이다. 이처럼 자녀의 탄생은 부모의 삶에 커다란 자극이 되는 것이다.

한 직장인은 자신의 직장 선배가 총각 때부터 아빠가 된 모습까지 지켜봤다고 한다. 그는 자녀 출산 이후 선배의 모습에 변화가 있음을 느꼈다고 한다. 아빠가 되면 성난 황소가 순한 양이 될 수도 있다고 말할 정도의 큰 변화 말이다. 그의 선배는 미혼 시절 후배들을 자신의 기분에 따라 괴롭히고 그야말로 군대식으로 군기를 잡았다고 한다. 하지만 아빠가 된 선배는 거의 정반대가 되었다고 한다. 웃으며 말하는 날이 많았으며 큰일이 아니고서는 화도 거의 내지 않았다고 한다. 그의 선배는 자녀라는 자극을 받아 성격이 변한 경우라고 볼 수 있을 것이다.

상대성 이론을 발표한 아인슈타인은 어린 시절 학교에서 배우는 정규 교육을 지루해했다. 무엇보다도 역사와 라틴어, 수학에 진저리를 쳤다고 한다. 하지만 그의 삼촌 야코프로부터 수학에서 나오는 기하학의 탄생 일화를 들었다고 한다. 삼촌과의 대화를 통해 수학에 관심이 생겼다고 한다. 만일 삼촌이 아인슈타인에게 그런 말을 하지 않거나 아인슈타인이 그것에 자극을 받지 않았다면 수학을 멀리하기만 했을 것이다. 하지만 외부에서 오는 자극이 아인슈타인에게 있었다. 그리고 그는 자극을 받아들였다.

스스로에게 자극 즉 동기부여를 할 수 있는 방법이 있다. '왜?'라는 질문을 해보는 것이다. '우리가 왜 결혼을 해야 하는가?, 왜 육아를 해야 하는가?'라는 질문처럼 인생에서 큰 결정을 할 때도 적용할 수 있다. 혹은 '왜 우리 아이는 소리를 지를까?, 우리 아이는 왜 밥을 거부할까?' 질문할 수도 있다. 인생의 결정이나 자녀 양육에 대한 질문을 스스로에게 한다면 분명 좋은 자극이 될 것이다. 질문으로 동기부여하는 것은 인생의 모든 면에 적용될 수 있는 방법이다. 그리고 그 답을 찾는다면 실행하는 힘이 될 것이다.

육아를 통해 느끼는 자극

대부분의 부모는 행복한 가정을 만들기 위해 노력할 것이다. 왜 행복한 가정을 만들겠다고 다짐하게 되는 것일까? 이는 기대심리와 어느 정도 연관성이 있다고 볼 수 있다. 기대심리는 '어떤 일이나 대상이 원하는 대로 되기 바라고 기다리는 마음이나 상태'라는 사전적 의미를 가지고 있다. 이것은 우리의 부모에게 받았던 상처로부터 시작되는 경우가 있을 것이다. 가정폭력을 당했다고 가정하자. 고통 속에서 이런 생각을 할 수도 있다. '내가 결혼하면 폭력을 휘두르는 모습 말고 행복한 가정을 만들거야!' 이런 다짐을 통해 내 가정은 행복해질 것이라는 기대를 품게 되는 것이다. 만일 이런 과정에서 보상심리가 작용한다면 자신의 고통을 가족에게 대물림하겠지만 말이다.

육아는 그 자체만으로도 당신의 인생에서 큰 자극제가 될 것이다. 자녀를 양육할 때 새로운 도전에 직면하는 경우가 있기 때문이다. 예를 들면 아직 말도 못하는 자녀가 아플 때 하루 종일 칭얼대거나 우는 것을 경험한 적이 있을 것이다. 그때 부모는 어떻게든 아이의 칭얼대는 이유를 찾기 위해 갖은 방법을 다 쓴다. 기저귀도 갈아주고 분유도 먹여보고. 그래도 울음을 그치지 않는다면 자녀를 보고 생각할 것이다. '도대체 네가 원하는 게 뭐니?' 하지만 여러 가지 방법을 써보며 결국 답을 찾게 된다. 다른 말로 하면 자녀의 울음은 자극이고 여러 가지 방법을 쓰는 것은 도전이라고 할 수 있다. 그리고 답을 찾으면 성장을 이루게 되는 것이다. 그래서 다음에 그런 경우를 겪으면 처음보다 더 빠르게 자녀의 울음을 그치게 할 수 있는 것이다. 이처럼 부모는 아이를 양육하며 새로운 자극을 받고 도전하며 매일 성장함을 경험할 수 있게 되는 것이다.

또 다른 예시가 있다. 자녀가 학교에서 친구들에게 따돌림을 당했다고 가정하자. '자녀의 왕따'라는 자극이 온 것이다. 그렇다면 부모로서 자녀에게 어떻게 도움이 될지, 어떤 방법으로 해결해야 할지 방안을 모색할 것이다. 그리고 이를 해결하려고 시도할 것이다. 이것은 내가 경험하지 못한 분야에 새로운 도전이라 할 수 있다. 그리고 결국 자녀의 왕따 문제를 극복했다면 부모도 그 일을 통해 성장하게 되는 것이다. 자녀의 문제점을 찾았든지 친구들과의 관계 속의 문제라든지 말이다.

육아를 통해 오는 자극은 혼자 인생을 살아갈 때에 비해 강력하다. 자신의 자녀이지만 서로 다른 인격이라고 생각하면 이해하기 쉬울 것 같다. 나와는 다른 인격인 자녀가 경험하는 것은 양육자인 부모가 길잡이 역할을 해줘야 한다. 자녀를 양육하는 것을 힘들게만 생각한다면 매일 힘들 것이다. 하지만 새로운 도전, 성장을 생각한다면 결코 힘들지만은 않을 것이라고 확신한다. 모든 일은 생각하기 나름이라고 했다. 당신의 마인드가 변화되어야 삶이 변할 수 있는 것이다.

육아를 통해 경험하는 도전은 새롭다. 당신의 인생과는 또 다른 인생을 부모의 눈, 즉 제삼자의 입장에서 객관적으로 볼 수도 있기 때문이다. 새로운 것에 대한 두려움이 생길 수도 있다. 모든 자기계발서에서 말하는 진부하지만 진리인 것이 있다. 모든 사람이 새로운 시작을 두려워하지만 그 두려움을 이기고 도전을 했을 때 지금보다 나은 삶을 살게 된다는 것이다.

 수많은 자기계발서에는 다양한 사람의 이야기가 나온다. 공통적으로 나오는 것 중 하나가 바로 어떤 사람이 인생에서 자극제가 되는 어떠한 일을 겪고 도전했다는 것이다. 그 예로 학교생활에 적응하지 못했지만 사람들을 위해 훌륭한 업적을 남긴 에디슨이나 아인슈타인이 있다. 그리고 건강이 악화되거나 사고로 인해 목숨을 잃을 뻔한 경험을 한 사람도 있다. 당신이 도전하기 위해서는 두려움을 극복하는 자극제가 필요하다.

 요즘은 아빠들이 육아를 하면서 새로운 인생을 살게 되는 경우도 있다. 특히 '유튜브'라는 동영상 공유 플랫폼을 이용해서 말이다. 자녀와의 추억을 공유하는 채널이 늘고 있다. 요즘은 엄마보다 아빠들이 시작하는 경우도 많다. 직장을 다니지만 주말 시간을 이용해 쌓은 추억을 업로드하기도 한다. 그리고 육아휴직을 쓰고 본격적으로 추억 쌓기를 하는 경우도 있다. 육아를 통해 추억도 쌓고 유튜브 크리에이터라는 것에 도전을 하게 된 것이다. 그리고 유명한 아빠 육아 채널들을 보고 방송 출연의 기회도 만들어진다. 이로 인해 자녀를 양육하는 것에 더욱 관심을 갖게 되는 것이다. 꼭 유튜브 크리에이터를 하라는 말이 아니다. 유명해지라는 말이 아니다. 육아에서 인생의 재미를 찾아보라는 것이다. 당신의 마인드만 변화시키면 즐겁게 육아를 하게 될 것이고 가정의 행복까지 찾게 될 것이다. 그리고 행복과 마음의 여유를 찾게 되면 더 나은 삶으로의 길이 열릴 것이다.

당신은 지금보다 더 나은 삶을 살고자 하는가? 직장 생활과 자녀 양육을 하며 삶에 지쳐 있는가? 그렇다면 육아를 통해 새로운 자극을 만들어보는 것이 해결책이 될 수 있다. 직장을 그만두거나 육아에 소홀해지라는 말이 아니다. 당신의 내면의식이 변화된다면 지친 삶에 활력소를 찾게 될 거라는 말이다.

육아가 처음인 아빠에게 보내는 단단한 한마디

육아는 당신의 삶의 큰 변화이자 자극제가 될 것이다. 이 자극제는 당신이 삶을 살아가는 데에 또 다른 동기부여를 하게 될 것이다. 그것은 당신을 행동하도록 만들 것이다. 많은 자기계발서적에서 말하듯 이 자극제로 인해 당신은 도전에 대한 두려움을 이겨내고 성장하게 될 것이다.

08

인생 공부는 육아부터 시작한다

우리는 부모가 되기 전까지
부모님의 사랑을 알지 못한다.

— 헨리 워드 비처

배움에는 끝이 없다

공부는 평생 해야 된다는 말을 들어본 적이 있다. 어린 시절 가족 혹은
선생님께 말이다. 정말 매 순간 배움이 있는 것이 인생이다. 우리는 가정
에서도 학교에서도 인생을 배웠다. 그리고 이제는 육아를 통해 자녀에게
배워볼 차례다.

우리나라 자녀교육의 문제점이 있다고 한다. 첫째, 의무교육에 자녀교
육 관련 항목이 포함되어 있지 않다. 우리나라는 국어 · 영어 · 수학을 가
장 우선순위로 생각하고 교육하고 평가한다. 물론 정규교육 과목 중에는
실과, 가정 과목에서 성교육이나 가정생활에 도움이 되는 교육을 하기는

한다. 하지만 의무교육으로 생각하는 국·영·수와 비교해 중요도가 떨어지는 경우가 많다. 그래서 우리는 학교에서 결혼 생활에 대한 내용을 배웠는지조차 인지하지 못하는 때가 많다. 둘째, 교육 참여 등록 유아 수가 전체의 50% 내외이다. 정부의 교육 정책 때문인지 어린이집이 부족한 때문인지 명확한 이유가 나온 것은 없다. 하지만 우리나라 전체 유아 수의 50%라는 수치에서 교육을 받고 있지 못하거나 사교육으로 대체하고 있다는 것을 알 수 있을 것이다. 핀란드, 프랑스, 미국 등 해외에서는 어린 나이부터 교육 정책에 따른 교육을 받는 것을 볼 수 있다. 이런 상황을 보면 우리나라도 영·유아 교육 문제에 대한 해결이 필요하다고 생각한다. 셋째, 부모들의 자녀 교육에 대한 인식이 부족하다. 요즘은 대부분의 부모가 육아 공부에 관심을 가진다. 하지만 아직도 육아 공부를 꼭 해야 하는지, 어떻게 해야 하는지 모르는 경우가 많다. 육아 공부의 목적과 필요성에 대한 궁금증을 가지고 알아가야 할 필요가 있다. 넷째, 부모의 지나친 경쟁심으로 조기 교육의 비중이 커졌다. 이러한 문제점은 이미 언론 보도와 실제 체감으로 알고 있는 문제일 것이다. 정규교육에 쏟는 비용과 노력보다 사교육에 쏟는 경우가 많다. 해외의 경우 가정교육과 정규 교육에 중점을 두는 것과 비교할 수 있겠다. 이렇게 사교육에 불이 붙은 것은 부모들의 지나친 경쟁심이 불러온 결과이지 않을까?

부모가 육아에 대한 공부를 했을 때 자녀에게 어떤 영향을 미칠까? 국

내·외 학자들이 연구한 결과에서는 말한다. 첫째, 사회적 능력의 향상이다. 육아 공부한 부모의 자녀는 정서가 안정을 되찾은 양상을 보였다고 한다. 부모를 대하는 태도가 변화, 자기신뢰감 상승, 협동심, 효율적 선택과 판단 등 긍정적인 면이 나타난 것이다. 둘째, 긍정적인 자아개념을 형성했다고 한다. 자녀의 자아신뢰감이 향상됨에 따라 함께 자존감이 생겨난 것이다. 셋째, 학업성취능력의 향상이다. 부모의 육아 공부를 통해 교육지도 방법을 알게 되어 이를 사용함으로써 자녀의 언어, 인지발달을 비롯한 학업성취능력이 향상되었다고 한다. 자녀와 어떻게 놀아주어야 하는지에 대해 알게 되고 어떻게 대화해야 하는지를 알게 된 것이라 보면 될 것이다.

육아 공부를 통한 영향력은 가정 내에서도 크게 작용한다. 부부관계가 좋아지고 형제, 자매가 있다면 그 관계도 좋아진다. 결국 가족의 응집력이 생겨 더 행복을 느낄 수 있는 것이다. 가족 간의 신뢰도 또한 향상되어 더 믿고 의지할 수 있는 존재로 느낄 수 있게 되는 것이다. 이는 부모의 육아 공부의 중요성을 나타내는 것이라 생각할 수 있겠다.

육아로 인생을 배운다

요즘 결혼, 육아에 대해 부정적인 시선으로 바라보는 경향이 많은 것 같다. 아마 경제가 어려워지는 것도 이유일 것이다. 그리고 결혼과 육아를 통해 잃어버리게 될 거라고 생각하기 때문이라는 생각이 든다. 사람마다 생각이 다르기 때문에 결혼이나 육아를 강요할 수 없는 것이 사실이다. 그리고 그렇게 생각하는 사람들은 저마다 이유가 있을 것이고 얻게 되는 것을 생각보았을 것이다. 하지만 육아를 통해 잃는 것보다 얻는 것에 대한 가치를 깨닫는다면 아마 육아를 시작할 용기도 생길 것이다.

자녀의 나이가 몇 살이든 양육하다 보면 발전의 기회가 온다. 여기서 말하는 발전은 부모 자신의 발전을 말한다. 첫째는 인내심이다. 대부분의 부모가 가장 많이 겪는 인내심의 한계이다. 자녀를 양육하다 보면 끊임없이 인내해야 할 때가 온다. 그런 인내는 부모가 되기 이전보다 더 필요할 때가 많다. 하지만 그 인내의 한계를 넘어선다면 변할 수 있는 것이다. 둘째는 자존감이다. 보통 자존감이 높은 사람은 자신을 있는 그대로 받아들인다. 또 타인의 의견에 쉽게 흔들리지 않는다. 육아를 통해서도 충분히 자존감을 찾을 수 있다. 자녀 출산 이후에는 호르몬 작용으로 인해 부성애와 모성애가 생긴다고 한다. 그로 인해 자녀를 위한 마음이 자연스럽게 커진다. 그리고 자녀를 어떻게 양육해야 할지 방법을 찾게 된다. 그런 과정을 경험하면서 부모의 역할을 생각하게 된다. 이 역할을 찾으며 자신을 돌아보게 되고 '나'를 찾는 자존감이 생기는 것이다. 그리고 그 성과를 자녀를 통해 보게 된다면 자신감까지 덤으로 생길 것이다. 마지막 셋째는 책임감이다. 이것은 거의 모든 부모라면 느꼈을 것이다. 하지만 책임감은 과하면 부작용으로 부담감이 들 수 있다. 그래서 자존감이 우선시되어야 한다.

앞서 설명한 3가지는 임신, 출산, 육아에 관심을 가지고 참여하면 어느 정도 자연스럽게 갖추게 되는 것이다. 이외에도 경우에 따라 다양한 기회가 온다. 그러니 지금 자신에게 해당 사항 없다고 무시 혹은 걱정하며 자기계발의 기회를 놓치지 않길 바란다.

육아 휴직을 사용하는 대부분의 아빠는 삶에 찾아온 변화를 느낄 것이다. 그것이 나 자신에 대한 변화가 될 수도 있고, 배우자나 아이와의 관계의 변화가 될 수도 있다. 그럼 어떠한 변화들이 있을까?

나 자신에 대한 변화부터 살펴보자. 가장 먼저 생각할 수 있는 것은 마음의 여유이다. 주변 육아 휴직을 사용했거나 사용 중인 아빠들은 이렇게 말한다.

"직장 생활과 육아를 병행하며 늘 쫓기는 듯 여유 없이 살았는데 여유가 생겼다."

두 마리 토끼를 한 번에 잡기 힘들 듯이 직장 생활과 육아 중 한 가지 내려놓은 결과다. 휴직 기간 쌓인 노하우로 자녀가 자는 시간을 이용해

여가 생활도 즐길 수 있을 것이다. 시간적 여유를 느끼게 된 것이다. 물론 밖에서 활동하기는 힘들겠지만 집에서 할 수 있는 것이 분명 있을 것이다. 예를 들어 독서나 자격증 공부와 같이 자신을 성장시키는 것이라면 더 나은 변화를 불러올 것이다.

배우자와의 관계에서도 변화가 찾아온다. 육아를 제대로 경험하며 배우자의 힘든 점을 몸소 느낄 수 있다. 이를 통해 배우자를 이해할 수 있게 된다. 이해를 하기 시작하면 싸움이 줄어들 수 있다. 그럼 소원했던 관계도 좋아지게 될 것이다. 배우자가 직장 생활을 한다면 서로 이해할 수 있는 기회가 생기기도 할 것이다. 이때 대화를 통해 서로 이해하는 말을 하는 것으로 더 돈독한 부부관계를 만들 수 있다. 그리고 더 나아가 배우자를 한 사람으로서 인정하게 된다면 더 행복한 가정이 될 것이다.

마지막으로 자녀와의 관계 속에서 가장 큰 변화가 있을 것이다. 자녀와의 유대감이 엄마에 비해 낮은 아빠였다면 육아 휴직으로 기회를 만들자. 육아 휴직 기간에 정성껏 육아에 임한다면 자녀가 엄마보다 아빠를 더 찾을 수도 있다. 그만큼 애착관계가 형성될 수 있다는 말이다.

아빠와 엄마는 서로 다른 사람이기 때문에 성격이 다를 수밖에 없다. 그래서 아빠와 엄마의 다른 점이 자녀에게는 새로운 경험의 장을 만들어줄 것이다. 다양한 경험이 정서적·인지적 발달 향상에 영향을 끼칠 것이다. 특히 육아를 제대로 경험하는 것으로 자녀를 세심히 관찰할 수 있다. 그러다 보면 나의 어린 시절을 회상해보는 경험도 하게 될 것이다. 그렇게 나를 돌아보는 계기가 되며 또 한 번의 성장을 이루는 것이다.

남자는 인생을 살면서 크게 3번의 인생 공부를 한다고 들은 적이 있다. 태어나서 결혼 전까지는 부모에게, 결혼 이후에는 배우자에게, 자녀 출산 이후에는 자녀들에게. 동의하는가? 육아가 인생에 얼마나 큰 영향을 미치는지는 인지하고 있을 것이라 믿는다. 이제는 계속 인생을 배움의 자세로 즐길 것인지, 아니면 그 반대인지는 스스로 결정해야 한다. 더 행복하고 더 나은 삶을 살길 바란다.

육아가 처음인 아빠에게 보내는 단단한 한마디

자녀를 양육함에 있어서 인내심, 자존감, 책임감은 필수적이라고 할 수 있다. 이것은 부모가 아니라도 필수적으로 지니고 있어야 할 내면의 요소이기도 하다. 사회생활에서는 이 세 가지 요소를 배우는 상황을 피할 수 있을 것이다. 하지만 부모가 된 이상 육아에서는 피하기는 힘들 것이다. 어쩔 수 없이 부딪히며 이겨내고 성장하는 것이다. 따라서 인생 공부는 육아부터 시작하는 셈이다.

3 장

초보
아빠,
아이와 잘
놀아주는 법

01

뇌를 발달시키는 놀이

〜〜〜〜〜〜〜〜〜〜〜〜〜〜〜〜〜

가장 유능한 사람은
계속해서 배우는 사람이다.

— 괴테

뇌 발달은 3층 집을 짓는 것이다

사람의 뇌의 90%는 만 5~6세에 완성이 된다고 한다. 나머지는 만 6세 이후부터 천천히 그리고 꾸준히 발달한다는 것이다. 성인이 되기 전까지의 아이가 하는 모든 활동은 놀이가 될 수 있다. 또한 자녀가 체험하는 모든 놀이가 뇌 발달에 영향을 줄 수 있다는 말이 된다.

예를 들어 블록장난감을 이용한 놀이를 한다고 하자. 자녀의 나이가 만 3세 정도가 되면 블록장난감으로 다양한 모양을 만들어 낼 수 있을 것이다. 그렇게 자녀는 공룡을 상상하며 모양을 만든다. 하지만 부모인 당신이 그것을 이해 못할 수도 있다. 그렇다 하더라도 자녀가 그것이 공룡이라고 하면 어느 부분이 머리이고 꼬리인지 질문해주어야 한다. 그렇게 했을 때 뇌신경의 신호가 뇌 전체에 전달되고 자극을 주기 때문이다.

사람의 뇌는 여러 연구 결과를 통해 총 3개의 층으로 구분했다. 각 층의 뇌의 구성과 기능에 대해 다음과 같이 정리하였다.

● 1층(생명의 뇌)
－ 구성 : 뇌의 가장 아랫부분에 있는 후뇌, 뇌 줄기(뇌간), 소뇌로 구성되어 있다.
－ 기능 : 심장 박동, 호흡, 소화, 수분·혈압 조절 등과 같은 생명 유지 기능을 한다.
－ 형성 시기 : 태내기부터 만 2세까지 발달된다.

● 2층(감정의 뇌)
－ 구성 : 후뇌와 대뇌 사이에서도 후뇌 바로 위에 위치하며 상구, 하구, 사구체로 구성되어 있다.
－ 기능 : 생존 본능, 감정, 오감을 느끼게 하며 이것을 기억하게도 한다.
－ 형성 시기 : 만 2세부터 만 3세까지 발달된다.

● 3층(이성의 뇌)

– 구성 : 대뇌라고도 불리며 전두엽, 두정엽, 후두엽, 측두엽으로 구성되어 있다.

– 기능 : 사고력, 판단력, 집중력, 창의력을 관장한다. 또한 도덕성, 인간성과 연계되기도 한다.

– 형성 시기 : 만 3세 이상부터 발달하기 시작한다.

뇌신경을 통해 모든 신호가 뇌의 각 부분에 전달된다. 이때 신호가 대뇌에 전달되기 전에 차단한다면 뇌가 발달하는 데 영향을 끼친다고 한다.

예를 들어 자녀가 블록 쌓기 놀이를 하는데 부모가 대신 쌓아준다면 자녀는 시각으로만 느끼기 때문에 2층 뇌까지만 신호가 전달된다는 것이다. 따라서 뇌의 발달 순서와 형성 시기에 따라 놀이를 정해주는 것이 중요하다.

건물을 지을 때 기초 공사를 중요하게 생각해야 한다. 기초가 엉망이라면 그 건물은 쉽게 무너질 것이기 때문이다. 뇌에도 기초 공사가 이루어지는 시기는 태아기부터 아동기까지다. 따라서 놀이 방법을 알기 전에 성장 단계별 발달 사항에 대해 먼저 아는 것이 중요하다.

인지 발달에 따른 놀이법

스위스 심리학자이자 논리학자인 피아제는 유아의 놀이 경험이 인지 발달에 큰 영향을 미친다고 주장했다. 피아제의 인지 발달 이론을 놀이와 관련하여 성장 단계별로 다음과 같이 정리했다.

● 성장 단계 : 태아기 (수정 1주~출생)

– 성장 발달 : 신체 내/외부 기관의 생성 및 발달이 이뤄진다.

– 놀이 종류 : 태교 (태담, 동화책, 음식, 미술, 음악, 운동 등)

– 놀이 효과 : 인지적, 정서적, 신체적, 사회적 발달 전체

● 성장 단계 : 감각운동기 (출생~만 2세)

– 성장 발달 :

1. 시각, 청각, 촉각, 후각, 미각, 전정감각, 위치감각과 사물의 운동을 통해 세상을 경험하고 이해한다. 따라서 다양한 자극을 주는 것이 중요하다.

2. 언어적 발달이 시작되는 시기이다.

3. 생후 10개월 정도 되면 눈앞에 엄마가 없어도 엄마가 존재한다는 것을 알고 엄마를 찾는 대상영속성이라는 기능이 형성 된다.

4. 다른 또래와 떨어져 놀아도 함께 놀고 있다고 인지한다.

– 놀이 종류 : 탐색놀이, 반복놀이

– 놀이 효과 : 오감 발달, 감정 발달, 언어 발달

● 성장 단계 : 전조작기 (만 2~7세)

– 성장 발달 :

1. 감정을 느끼고 교류하는 시기이다.

2. 한 가지 차원에서 본능, 사고, 판단 ,주의 집중력, 언어, 감정 등이 발달된다.

3. 자아중심적 성향을 띠며 다른 사람을 이해하기는 부족한 시기다. 이 시기의 자녀는 어려운 설명을 이해하지 못한다.

4. 모든 사물이 살아 있다고 생각한다. 사물이 의인화된 만화를 좋아하는 이유다.

5. 규칙이 원래부터 존재해서 바꾸거나 만들어 낼 수 없다고 생각한다. 예를 들면 엄마 물건을 아빠가 쓰면 안 된다는 생각을 하는 것이다. 또 꿈과 현실을 구분하지 못한다.

– 놀이 종류 : 상상놀이, 역할놀이, 협동놀이

– 놀이 효과 : 감정 발달, 사고력, 판단력, 집중력, 창의력 발달

● 성장 단계 : 구체적 조작기 (만 7세~만 13세)

– 성장 발달 :

1. 자신의 경험을 토대로 다차원적인 논리적 사고와 스스로 조작할 수

있는 능력이 생긴다.

2. 자아중심적 성향에서 벗어나 타인을 이해하기 시작한다. 이 시기에는 스스로 타인과 비교를 할 수 있게 된다. 또 어른이 실수를 하면 자신이 더 낫다고 생각하는 인지적 자만에 빠지기 쉽다. 권위 있는 양육방식으로 부모가 선택해야 하는 것과 아닌 것을 명확하게 구분할 수 있도록 도와주어야 한다.

3. 규칙을 바꾸거나 만들어 낼 수 있다고 생각하기 시작한다.

4. 물건의 연관성을 가지기 시작하면서 분류가 가능해진다.

– 놀이 종류 : 규칙 만들기 놀이, 사물 비교 놀이

– 놀이 효과 : 사회성 발달, 사고력 발달

이외에도 만 13세 이상에서의 단계인 형식적 조작기가 있다. 하지만 앞에서는 뇌 발달과 관련된 인지 발달 시기를 설명한 것이다.

영유아기에 경험하는 놀이는 연령별 놀이 종류에 따라 인지 발달부터 정서, 사회성 발달까지 모든 감각이나 뇌를 발달시키는 종합적인 자극을 준다. 만일 이 시기에 충분한 놀이가 이루어지지 못한 경우 만 13세 이상에서의 단계인 형식적 조작기에 다양한 경험과 놀이 활동을 이어나가도록 별도의 지도가 필요하다.

윤애희, 정정옥 교수가 쓴 책『유아교육기관에서의 영유아 놀이지도』에서 교사의 역할을 설명했다. 집에서 놀이를 하는 부모도 교사와 같이 교육자의 역할을 수행해야 하므로 내용을 참고할 수 있도록 간단히 요약하여 정리해보았다.

● 만 3세 미만 자녀

– 놀이를 할 때 오감을 자극시킬 수 있는 사물을 이용해 배우게 한다.

– 자녀가 스스로 놀이 속도를 조절하고 새로운 점을 발견하여 배울 수 있도록 돕는다.

– 자유로운 가운데 자녀 스스로 놀이 활동을 선택하게 한다.

– 자녀가 놀이를 지루하게 생각하지 않도록 다양한 자극을 준다.

– 한 번에 한 가지씩 놀이를 가르치는데 간단한 것부터 시작해야 한다. 긴 설명을 아직 이해하기 어렵기 때문이다.

● 만 3세 이상 자녀

– 놀이 중 자녀의 이야기를 들을 때에는 언제나 자녀의 눈높이에 맞춘 자세를 한다.

– 이야기 할 때는 따뜻하고 부드러운 표정을 짓는다.

– 놀이 중 자녀가 느끼는 감정이나 상황을 공감해준다.

– 자녀가 이야기할 때는 눈을 맞추고 진지하게 들어준다.

– 긍정적인 표현을 사용하여 자녀의 자존감을 지켜준다.

– 자녀의 발달 수준을 고려하여 이야기한다.

자녀가 놀이를 할 때 당신이 해주어야 하는 역할에 대해 소개했다. 이때 주의할 점은 항상 긍정적인 태도를 가져야 하고 공감과 칭찬과 격려를 아끼지 않아야 한다는 것이다.

앞서 소개한 놀이를 시작하기 전 알아야 할 내용들을 기억하고 놀이 활동을 진행하도록 하자. 그렇다면 조금 더 확실한 놀이 효과를 볼 수 있을 것으로 기대한다. 성장 발달 단계에 따라 놀이를 해야 한다는 점을 꼭 기억했으면 좋겠다. 당신이 조금 더 쉽고 빠르게 아빠놀이의 기본기를 다졌으면 하는 바람이다.

육아가 처음인 아빠에게 보내는 단단한 한마디

놀이를 알기 전에 뇌 발달에 대한 공부를 해야 한다. 건물의 기초 공사가 중요하듯 뇌 발달 과정은 매우 중요하다. 놀이를 정할 때에는 발달 단계를 확인하고 진행하는 것이 더 효과적이다. 또한 자녀의 성장에 있어서 방향을 잡는 데에도 충분히 활용할 수 있다.

02

상상력을 키우는 놀이

~~~~~~~~~~~~~~~~~~~~~~~~~~~~~~~~

생각하는 것을 가르치는 것이지,
생각한 것을 가르쳐서는 안 된다.

– 코율릿

아이의 상상력은 부모가 만든다

Basic 고교생을 위한 국어 용어사전은 상상력을 '실제로 경험하지 않은
현상이나 사물에 대하여 마음속으로 그려 보는 능력'이라고 이해하기 쉽
게 정의해놓았다. 상상력은 뇌 발달 단계와 연관 짓는다면 만 3세 이상부
터 발달한다. 이 시기에 진행하는 모든 놀이 활동은 상상력을 자극시키
는 것이다.

상상력이 향상되도록 하려면 다음 내용을 숙지하고 있어야 한다. 놀이
의 특성과 가치이다. 놀이의 특성을 알아야 학습이 아닌 진정한 놀이 활
동을 하게 할 수 있다. 또한 자녀가 참여하는 놀이 활동의 가치를 알아야

한다. 자녀에게 놀이 방법을 설명할 때 조금 더 이해하기 쉽게 할 수 있게 될 것이다. 그럼 다음 내용을 확인하고 곱씹으며 어떤 놀이 활동들을 해야 할지 생각해보자.

● 놀이의 특성

- 지루하지 않고 항상 재미를 느낄 수 있어야 한다.

- 놀이 종류를 선택하고 놀이 시간과 속도를 스스로 정할 수 있어야 한다.

- 규칙은 변할 수도, 새로 정할 수도 있다.

- 이미 정해진 규칙이라도 구속을 받지 않아야 한다.

- 결과보다 과정에 더 중점을 두어야 한다.

- 처음 놀이를 하더라도 누구나 할 수 있게 해야 한다.

- 부모나 교사가 통제하여 수동적으로 움직이지 않도록 해야 한다.

- 놀이는 지식을 습득하는 과정이 아니라 자극의 생성이다.

● 놀이의 가치

- 세상 속에서 자기를 찾을 수 있다.

- 창의력 발달을 이룰 수 있다.

- 타인과의 감정, 언어 소통 능력이 향상 될 수 있다.

- 또래 친구들과 어울리며 이성과 접촉하며 적절한 성 역할 행동을 배

울 수 있다.

– 피아제의 인지 발달 이론에 따르면 상징놀이가 유아의 상상력과 학습의 기초가 된다고 한다.

놀이의 특성과 가치를 알았다면 제대로 된 놀이를 지도해줄 수도 있을 것이다. 놀이를 통한 상상력을 기를 수 있도록 통제하지 말자. 지켜보기만 하라는 뜻이 아니다. 자녀가 어려워하는 것은 도와주어야 놀이를 유지할 수 있다. 또한 놀이를 할 때에는 안전사고에 항상 신경 써야 한다. 부모는 자녀가 놀이 활동이 가능한 환경을 만들어주어야 한다. 부모가 자녀의 놀이 활동에 관심을 가져야 한다는 말이다. 부모의 양육 태도는 자녀의 놀이 활동에 지대한 영향을 끼친다고 한다. 자녀의 상상력, 놀이 유형, 놀이 활동에 대해 좋은 영향을 받을 수 있게 하기 위해 부모와의 애착 안정성 정도, 허용 정도 등이 높아야 한다. 자녀가 안전하게 놀이 활동을 할 수 있도록 해야 한다. 안전사고가 일어날 만한 요소들을 제거, 이동시켜 미연에 방지해야 하는 것이다.

어떻게 놀면 상상력을 키울 수 있을까?

상상력이 풍부하고 창의적인 자녀가 되기 원하는가? 그렇다면 자녀가 주도해서 놀이를 할 수 있도록 해야 한다. 자발성이 있어야 한다는 것이다. 놀이는 자녀 스스로 능동적으로 할 수 있어야 놀이인 것이다. 따라서 부모가 자녀에게 놀이를 지정해주는 것은 놀이라고 볼 수 없다고 한다. 놀이를 통해 어떤 효과를 얻기 위해서는 놀이를 교육으로 만들지 않는 것이 가장 중요하다. 자녀가 스스로 배울 수 있도록 돕는 것이 놀이의 핵심인 것이다.

입체주의 미술을 창조한 20세기 최고의 거장 파블로 피카소는 "상상할 수 있는 모든 것은 현실이다."라고 말했다. 피카소는 자신의 상상을 그림으로 표현해냄으로써 현실 세계로 꺼낸 것이다. 자녀에게는 세상이 온통 상상의 나래를 펼칠 수 있는 놀이 공간이 된다.

자녀가 블록 장난감으로 무언가를 만들어 냈다. 어른의 시각에서는 어떤 모양인지 알아보기 힘들 것이다. 하지만 자녀의 시각에서는 그것이 사자가 되기도 하고 공룡이 되기도 한다. 이렇게 자녀는 태어난 순간부터 상상을 시작한다. 모든 사물을 처음 접하기 때문이다. 이때 부모의 편견으로 자녀를 통제하는 것은 상상력이 발달하는 데에 적절하지 않다. 다양한 경험을 통해 놀이를 할 경우 아래 대화처럼 질문과 답을 하고 공감과 칭찬을 병행해야 한다.

"이건 무엇을 만든 걸까?"
"집이요!"

"와~ 집은 이렇게 생겼구나! 아빠한테 ○○(이)의 집에 대해서 설명해 줄 수 있을까?"

"여기가 문이고, 여기가 지붕이에요!"

"○○(이)가 집을 만들 줄도 아는구나! 나중에 크면 집 짓는 사람이 되어도 되겠는데!"

위험하거나 잘못된 행동이 아니라면 자녀가 하는 행동에 아낌없는 칭찬과 격려를 해주자. 자녀의 호기심과 상상력을 자극하고 자존감과 자신감까지 성장할 것이다.

놀이는 크게 3가지 발달로 구분할 수 있다. 신체적 발달, 인지적 발달, 정서적 발달이다. 무슨 말인지 이해가 되기 쉽게 설명하겠다. 신체적 발달에는 놀이 활동을 하며 취하는 동작들로 인해 기본 운동 능력이 향상되는 것이다. 인지적 발달은 놀이 활동 중 탐색을 통해 사람이나 사물에 대한 개념을 익힐 수 있다. 이것을 활용함으로써 즐거운 마음으로 창의력을 향상 시킬 수 있다. 또한 놀이 활동을 통해 여러 가지 정보에 쉽게 접근할 수 있는 기능을 할 수 있다. 정서적 발달은 놀이 활동을 하면서 긍정적, 부정적 감정들을 느끼고 표현하게 된다. 다른 또래들과 놀이를 함께할 때 더 효과를 볼 수 있다. 이처럼 놀이를 통해 자녀는 모든 발달이 향상되며 다양한 정보를 습득할 수 있게 된다.

소크라테스는 상대에게 질문을 하고 답을 찾도록 유도하는 문답법의 귀재이다. 그는 질문을 통해 상대방의 무지를 스스로 깨닫게 한 것이다. 이것은 가르침과 다른 것이다. 가르침은 타인에 의해 지식이 들어온다고 표현할 수 있다. 하지만 깨달음은 질문을 통해 자신의 앎과 모름에 대한 기준이 생기게 된다. 이후 내면에서는 지식이 만들어진다고 할 수 있다.

자녀에게 놀이 활동 중에 수시로 질문하자. 질문은 뇌로 보내지는 신호가 되어 자극시킬 것이다. 따라서 뇌의 모든 부분에 신호가 보내지면 다양한 뇌의 기능이 활성화될 것이다. 그럼 상상력은 더 풍부해질 것이다. 단, 중요한 것은 뇌 발달 단계에 맞는 놀이를 해야 하며 부정적인 단어는 사용하지 않는 것이다. 또, 놀이에 부모가 너무 지나치게 간섭을 하지 않아야 한다. 자율성은 놀이 활동의 핵심이라는 것을 명심하고 놀게해야 한다.

피아제가 발표한 인지발달이론 중에는 인지발달을 위한 놀이들이 설명되어 있다. 상징놀이가 그중 하나이다. 이 놀이는 상상력을 풍부하게 만들어준다고 한다. 상징놀이에 대해 간단히 설명하자면 자녀가 경험했던 세상을 스스로가 어떻게 이해하고 있는지를 나타내는 놀이다. 앞서 말한 블록 장난감을 이용한 놀이가 대표적이라 할 수 있겠다. 조립도에 없는 모양을 만들어 내고 그것을 자신이 보았던 동식물, 사물 등으로 말하는 것이다. 이때 부모가 주의해야 할 점이 있다. 그 모양에 대한 부정을 하거나 수정하려고 하면 안 된다는 것이다. 자녀의 말을 인정해주고 따라가는 것이 필요하다.

상상력을 키워주는 놀이는 3층 뇌가 발달하는 시기에 발달된다고 앞에서 설명했다. 그런데 상상력을 더 빨리, 더 크게 키워주고 싶다고 해서 태어날 때부터 관련 놀이를 시작하는 경우도 있다. 헛수고를 하는 것이다. 건물이 2층까지밖에 없는데 3층에 가구를 들여놓는 격이라는 말이다. 그렇게 상상력을 키워주고 싶다면 그 기간에 부모의 공감능력을 먼저 키우라고 말하고 싶다. 부모가 얼마나 공감해주느냐가 상상력에 영향을 미친다고 하니 말이다. 앞으로는 3층 뇌를 발달시키고 있는 자녀가 엉뚱한 말을 해도 공감해주길 바란다. 절대 부정이나 수정은 금물이다.

육아가 처음인 아빠에게 보내는 단단한 한마디

뇌 발달 단계에 따라 상상력은 만 3세 이상부터 발달하게 된다. 이 시기의 모든 놀이는 상상력을 자극시킬 수 있다. 상상력을 더 풍부하게 하기 위한 놀이를 위해 놀이의 특성과 놀이의 가치를 먼저 알아야 한다. 이것을 알면 놀이에 대해 설명할 때 더 구체적으로 해줄 수 있다. 또한 자녀가 적극적으로 놀이 활동을 할 수 있게 할 것이다.

03

인형으로 하는 역할 놀이

어진 사람을 보면 그와 같이 되기를 생각하고,
어질지 않은 사람을 보면 속으로 스스로 반성하라.

- 공자

생활 습관을 만드는 놀이

역할 놀이는 연구학자들에 따라 상징놀이, 상상놀이, 가상놀이, 극 놀이 등 다양한 용어로 사용되는 것 중 하나다. 이러한 놀이들의 공통점은 모두 가작화 요소를 가지고 있다는 것이다. 가작화란 '거짓으로 꾸며서 행동함 또는 그런 행동'이라는 사전적 의미를 가지고 있다. 따라서 가작화 놀이는 실제 삶이 연출되는 것이 아니라 현실을 떠나 상황을 꾸며낸 놀이라 할 수 있겠다.

피아제의 인지 발달 이론에서는 역할놀이가 전조작기(만 2~7세)의 자녀에게 효과적이라고 설명한다. 역할놀이의 사전적 의미는 가상의 문제

상황에서 상황 속 인물의 역할을 대신 수행해보는 것을 말한다. 이 놀이는 또래와 함께 놀이 환경을 만들어 수행하면 가장 도움이 많이 된다. 하지만 상황이 여의치 않다면 부모나 인형이 대신할 수 있다. 이때는 인형으로 대신해도 부모가 자녀를 관찰하며 놀이 중에도 지도를 해줘야 한다.

만일 당신의 자녀가 어린이집에서 돌아와 풀이 죽어 있다고 가정해 보자. 친구랑 다투고 집에 온 것이다. 당신은 자녀가 풀이 죽은 상황에 공감을 먼저 해줘야 한다. 그렇게 대화를 이어나간다면 친구와 다툰 이유에 대해 들을 수 있을 것이다. 이런 상황을 역할놀이에 적용할 수도 있다. 자녀가 이미 겪은 상황이 될 수도 있고 앞으로 겪을 일이 될 수도 있다. 이외에도 식습관, 배변훈련, 수면습관 등과 같은 다양한 생활습관을 역할놀이를 통해 만들기도 한다. 주방 놀이, 마트 놀이 등 장난감을 이용할 수도 있을 것이다. 하지만 역할놀이를 위해 장난감을 전부 집에 들여놓을 수 없을 것이다. 그래서 모든 가정에 있거나 쉽게 구할 수 있는 인형을 이용한 역할놀이에 대해 소개하겠다.

● 역할놀이1 ('치카치카' 놀이)
오감 발달, 대·소근육 발달, 사고력, 상상력 발달 등 종합적인 발달을 이룰 수 있는 놀이다. 입 속에서 칫솔이 움직이며 칫솔모의 감촉이 촉각을 발달시킨다. 치약의 냄새는 후각을 자극시킨다. 치약의 맛을 느끼며 미각 발달에도 도움이 된다. 부모와 함께 양치질을 하거나 거울을 이용해 시각까지 발달시킬 수도 있다. 양치질을 할 때 나는 소리는 청각을 자극시키기도 한다. 칫솔을 손에 쥘 때는 소근육을, 양치질을 위해 팔을 움직일 때는 대근육까지 키울 수 있다. 칫솔은 양치질에 사용하는 도구라는 사고하게 되고, 양치질을 통해 입 속 세균을 물리친다는 상상력을 키워줄 수 있다. 이외에도 양치질은 다양한 효과를 가져다줄 수 있을 것이다.

먼저 놀이를 위한 칫솔과 사람 모습을 한 인형을 준비한다. 이때 인형은 애착인형이 있다면 그것을 활용하면 자녀가 더 오래 집중할 수 있을 것이다. 인형이 밥을 먹는 상황을 연출한다. 인형이 식사를 끝마치면 "치카치카 양치질하러 가야지."라고 말해준다. 식사 후에는 양치질을 해야 한다는 것을 인지시켜주는 것이다. 칫솔을 부모와 자녀가 각각 1개씩 손에 든다. 그리고 부모가 먼저 시범을 보인다. 칫솔모의 방향을 위로 향했을 때는 윗니를 아래로 향했을 때는 아랫니를 닦는 것을 보여준다. 그리고 좌·우로 칫솔을 이동시키며 인형이 양치질하는 모습을 보여준다. 이때 동작을 크게 하며 '치카치카' 소리를 내주는 것이 자녀가 더 집중해서 즐겁게 놀이할 수 있도록 도울 것이다. 인형의 양치질이 끝나면 "아~ 개운하다. 이제 입 속에 나쁜 균이 도망갔어."라고 말해준다. 이 놀이를 반복적으로 하다 보면 어느 순간 당신의 자녀는 밥을 먹고 양치질하러 가

자고 말할 것이다. 또는 스스로 양치질을 하러 화장실로 갈 것이다.

출생 후부터 만 2세까지의 자녀들은 오감 발달을 위주로 놀이를 해야 한다. 그래서 칫솔과 양치질을 간접적으로 체험하면 만 2세 이상이 되면서 양치질 교육이 비교적 쉬워진다. 먼저 이 시기의 자녀에게는 칫솔에 대한 거부감을 없앨 수 있는 방법을 사용해야 한다. 따라서 칫솔을 보고 만지며 느끼도록 하는 것이 좋다. 양치질하는 모습을 보여주는 것도 방법이 될 수 있다. 이로써 자녀는 칫솔은 양치질을 할 때 사용한다는 것을 알게 되며 위험하지 않다는 것을 알 수 있게 된다. 직접 보여준다면 치약 냄새에 대한 거부감도 덜 수 있을 것이다.

부모는 그동안 양치질을 해왔기 때문에 칫솔모의 촉감이 익숙할 것이다. 하지만 자녀는 칫솔모에 대한 거부감을 가질 수도 있다. 최근에는 실리콘으로 된 영아용 칫솔도 나오기도 했다. 그렇지만 자녀는 이것마저도 처음 접하는 물건이므로 적응할 수 있는 시간을 가져야 한다. 칫솔에 대한 거부감이 없어야 습관을 들이기가 비교적 쉽기 때문이다.

● 역할놀이2 ('자장자장' 놀이)

자녀에게 수면 습관을 만들어줄 수 있는 놀이다. 이 놀이는 잠자리에서 하는 것이 좋다. 그래서 낮잠 시간을 이용하는 것이 도움이 될 것이다. 잠자리에서 '졸리다, 따뜻하다, 편안하다.' 등의 감정을 느끼게 하여 감정 발달에도 영향을 미친다. 자녀 스스로 사고할 수 있게 된다. 본능적으로 졸음이 오는 것을 느낄 것이다. 이런 느낌이 들 때 잠을 자야 한다는 것을 알려주면 된다. 이때 부모는 잠자리 환경 조성을 통해 생각하는 것을 도와줘야 한다. 그러면 자녀는 이런 환경에서는 이런 행동을 해야 한다는 생각을 통해 사고력도 성장할 것이다.

자녀가 낮잠 시간이 다가와 졸린데 쉽게 자려고 하지 않는 경우가 있을 것이다. 이때 이 놀이를 할 수 있다. 잠자리에 애착인형과 나란히 눕혀준다. 먼저 눕혀놓은 인형이 눈을 비비고 하품하는 연출을 해준다. 그 다음 "졸려서 눈도 비비고 하품을 하는구나." ○○(인형이름)아 이제 자자. 잘 자."라고 자녀가 들을 수 있도록 말해준다. 인형의 머리를 쓰다듬는 모습과 가슴 부분을 토닥거리는 모습을 보여준다. 동시에 자장가를 불러준다. 자녀가 관심을 보일 때 인형이 거의 잠들었다고 말하자. 그리고 자녀에게 인형 옆에서 같이 누워보자고 권한다. 자녀는 눕는 행동을 보인다면 인형에게 있던 손을 자녀에게로 옮긴다. 그리고 인형에게 한 것과 똑같이 해주면 된다. 놀이를 마치고 재울 생각이라면 "자장자장 놀이가 끝나니까 ○○(이)가 졸렸구나. 잘 자."라고 속삭이듯 말하며 놀이의 끝을 알려주자. 예민한 기질의 자녀라면 속삭이지 않고 그대로 재워도 좋다.

간혹 잠에 들지 않고 인형과 장난을 치고 돌아다닐 수 있다. 이 경우 "○○(인형이름)이 누워서 자고 싶다는데 ○○(이)가 옆에 누워서 같이 재워볼 수 있을까?"와 같은 질문을 한다. 이런 말들로 자녀의 의사를 묻고 놀이를 유도해야 한다. 잠에 쉽게 들지 않아도 놀이라는 사실을 잊지 않도록 하자. 잠들지 않는다고 강압적이거나 욱하지 않을 수 있을 것이다.

수면습관은 교육을 통해 충분히 가능하다고 한다. 특히 생후 6주~2개월에 하는 것이 중요하다. 수면패턴은 보통 3~4개월에 완성되기도 한다. 이점을 인지하고 출산 전 미리 자녀의 잠자리 환경을 조성해주는 것이 좋다. 커튼으로 빛을 차단시켜주어야 한다. 온도와 습도도 조절을 해주는 것이 좋다. 소음이 어느 정도 차단되는 공간이 좋다. 완벽하게 차단되는 것이 좋지는 않다. 자녀가 언제나 소음이 전혀 없는 상황에서 잘 수는 없기 때문이다. 그래서 어느 정도의 소음, 즉 백색소음이 필요하기도 하다.

수면교육을 한다고 자녀가 오열을 하는데 지켜보기만 하면 안 된다. 애착형성이 중요한 시기인 만큼 안아주는 것을 추천한다. 애착이 형성이 되고 뇌가 발달한 후에 따로 자는 습관을 들이면 된다. 육아는 언제나 인내가 필요하다는 사실을 잊지 말자.

사회성을 만드는 놀이

역할놀이를 할 정도의 연령이 된 자녀는 대부분 어린이집이나 유치원에 다닐 가능성이 많다. 그래서 많은 부모들이 자녀가 잘 적응할 수 있는지 고민하기 시작한다. 사회성을 키워주는 놀이에도 관심이 많을 것이다. 하지만 초등학교 입학 전에는 대부분의 아이가 타인의 의견을 잘 받아들이지 못하는 특성이 있다. 피아제 이론에서 전조작기에 속하는 자녀는 이제 막 감정을 교류하는 방법에 대한 뇌신경이 발달하기 시작했다. 아직 타인의 감정을 받아들이는 것이 완벽하게 이루어질 수 없는 것이 당연하다는 말이다. 그렇다고 또래들과 어울리지 못하게 할 수도 없는 노릇이다. 이 경우는 부모나 선생님 같은 지도해줄 수 있는 성인의 개입이 꼭 필요하다. 그렇다면 사회성과 관련된 놀이는 어떤 것이 있을까?

● 역할놀이3 ('친구' 놀이)

또래 친구들과 쉽게 다툴 수 있는 주제를 준비한다. 장난감을 뺏고 빼앗기는 상황, 장난을 친구가 실수로 만져 망가지는 상황 등 다양한 주제가 있다. 여기서 다룰 주제는 가장 흔하게 일어나는 자녀가 가지고 있던 물건을 빼앗기는 상황이다. 이 상황을 통해 자녀에게 자신의 물건을 빼앗겼을 때 기분이 어떤지 그 반대의 경우는 어떤지 스스로 느끼게 해준다. 이런 상황을 지혜로운 방법으로 대처할 수 있는 사고력과 사회성을 길러줄 수 있다. 이 놀이는 역할놀이와 극 놀이 방법이 병행되는 놀이라고 할 수 있다.

먼저 자녀가 가지고 놀던 장난감을 인형이 빼앗는 상황이다. "나도 이거 가지고 놀고 싶어. 내가 가지고 놀래!"라고 말하며 장난감을 빼앗는다. 자녀는 당연히 떼를 쓰거나 장난감을 도로 빼앗기 위해 안간힘을 쓸 것이다. 그때 인형은 "내 거야. 그러니까 내가 가지고 놀 거야!"라고 말한다. 부모는 자녀와 인형에게 장난감은 혼자 가지고 노는 것이 아니라는 것을 알려준다. 인형에게는 "○○(이)가 먼저 가지고 놀았으니 ○○(이)에게 돌려주고 다른 장난감을 가지고 놀 수 있겠니? 장난감은 친구들과 함께 가지고 노는 물건이거든."이라고 말한다. 인형은 다시 자녀에게 장난감을 건네주며 사과한다. "빼앗아서 미안해, 너무 가지고 놀고 싶어서 그랬어. 다 가지고 놀면 나에게 줄래?" 이때 부모는 인형에게 돌려준 것에 칭찬을 하는 동시에 자녀에게 다시 한 번 인지시켜주도록 한다. 이렇게 말할 수 있을 것이다. "○○(아)야, 인형이 놀고 싶어서 그랬대. 미안하다고 하는데 우리 용서해주고 같이 놀면 어떨까?"

다음으로 자녀와 입장을 반대로 만들어준다. 그리고 같은 상황을 연출해준다. 이로써 자녀는 빼앗는 사람의 입장과 빼앗긴 사람의 입장에서 생각할 수 있게 된다. 양쪽 입장을 한 번에 하는 것이 더 효과적이다. 간혹 자녀가 연출된 상황에서 오열을 하거나 화를 주체할 수 없는 경우도 있을 것이다. 이때는 인형을 제외시키고 안정을 취할 수 있도록 자녀의 감정에 공감을 먼저 해주며 풀어나가야 한다. 만 2~7세 자녀는 아직 빼앗기거나 빼앗은 상황에 대해 단편적인 사고만 할 수 있기 때문이다.

역할놀이는 연령별 성장 발달 항목에 대해 생각하고 해야 한다. 모든 뇌 발달 단계에서 할 수는 있다. 오감이 발달하는 시기인 감각운동기의 자녀는 오감을 발달시킬 수 있도록 도우면 된다. 구체적 조작기의 자녀에게는 앞서 소개한 놀이에 규칙을 더하거나 또래 아이들과 놀이하며 생각을 나누게 해주면 된다. 하지만 더 효과적으로 하기 위해서는 3층 뇌로 신호가 활발히 전달되며 신경 연결이 이뤄지는 만 2~7세가 적당하다.

육아가 처음인 아빠에게 보내는 단단한 한마디

인형으로 하는 역할놀이에서는 인형이 표현하는 말과 행동이 중요하다. 이것에 재미를 느낀 자녀는 인형이 하는 대로 따라 할 가능성이 많다. 오감이 발달하는 시기에는 인형이 자녀의 몸을 만지며 신체 부위를 알려줄 수도 있다. 감정이 발달하는 때에는 사회성을 발달에도 도움을 줄 수도 있을 것이다. 3층 뇌가 발달하는 만 2~7세 자녀에게 효과적일 것이다.

04

아픈 곳을 낫게 하는 치료 놀이

자녀가 당신에게 요구하는 건 대부분 자기들을
있는 그대로 사랑해 달라는 것이지, 온 시간을 다
바쳐서 자기들의 잘잘못을 가려달라는 것이 아니다.

– 빌 에어즈

오감을 발달시키는 치료 놀이

치료놀이는 촉감으로 자신의 신체를 탐험하는 놀이가 될 수 있다. 이 놀이 역시 역할놀이와 극 놀이가 병합된 형태라고 볼 수 있다. 오감 발달과 상상력, 사고력 등과 같은 인지적 발달에 효과적인 놀이다. 이번 놀이는 인형을 제외시킨다. 그리고 부모와 자녀 혹은 자녀와 또래 친구로 구성 후 진행할 수 있다. 오감이 발달 되는 신생아부터 가능한 놀이다. 참고로 신생아기의 자녀와 놀이를 하려면 손을 먼저 따뜻하게 하고 하는 것이 좋다. 체온 조절이 스스로 이뤄지지 않기도 하지만 차가운 손이 닿으면 놀랄 수 있기 때문이다.

● 치료놀이1 ('약손' 놀이)

어린 시절 아플 때 "아빠(엄마) 손은 약손."이라는 말을 들어본 적이 있을 것이다. 못 들어 봤다고 해도 금방 할 수 있는 놀이다. 먼저 자녀에게 '약손놀이'라는 것을 알려준다. 부모가 배 아픈 시늉을 한다. 자녀의 손을 부모의 배에 손을 옮기며 "아빠(엄마)가 아픈데 OO(이) 손을 올려놓으니까 다 나았다! 고마워."라고 말을 한다. 이렇게 반복하다가 자녀가 스스로 손을 올린다면 손을 움직일 수 있도록 도와주자. 손을 시계방향으로 움직이며 "OO(이) 손은 약손."이라는 청각적 자극과 함께. 자녀의 손이 움직이는 동안에는 "와~ OO(이) 손으로 문질러 주니까 점점 나아지는 기분이 들어."라고 함께 말해준다. 잠시 뒤 다 나았다는 말과 감사 인사를 해주면 놀이는 끝이 나게 된다. 자녀는 자신의 손으로 문지른 덕분에 부모의 배가 나았다는 뿌듯함, 성취감을 느낄 수 있을 것이다. 그리고 자녀 스스로 부모에게 도움이 되었다고 생각하며 자존감도 높아질 것이다.

역할을 반대로 하면 자녀는 자신의 신체를 탐색하도록 도와줄 수 있다. 팔을 주무르며 "OO(이) 팔이 아팠구나. 아빠(엄마)가 팔 주물러 주니까 어때?"와 같이 대화를 섞는 방법이 있을 수 있겠다. 배나 팔이 아니라도 부위를 옮겨가며 할 수도 있다. 다리는 문지르는 것보다 안마하듯이 주물거리는 촉감을 느끼게 해주도록 하자. 그럼 근육 발달까지 할 수 있으니 말이다.

미국의 해리 할로우 박사는 1959년에 아기원숭이를 대상으로 한 가지 실험을 했다. 갓 태어난 아기원숭이를 어미로부터 떼어내고 두 대리모를 통해 165일간 키우는 실험이었다. 두 대리모는 이렇게 구분했다. 철사로 만들어진, 밥을 주는 엄마와 밥은 나오지 않지만 감촉이 좋은 부드러운 헝겊으로 만들어진 엄마였다. 이 실험의 결과로 '접촉위안'이라는 것을 발견해냈다. 아기원숭이는 밥을 먹을 때조차 철사로 만든 엄마가 아닌 헝겊으로 만든 엄마에게 매달렸다. 또 아기원숭이를 놀라게 할 만한 물체를 보여주어 반응을 보았다. 이때 아기원숭이는 밥을 주는 철사 엄마가 아닌 헝겊으로 둘러싼 헝겊 엄마에게 안겼다고 한다.

당신의 자녀가 무서움을 느끼는 순간에 당신에게 달려와 안기는 것이 바로 이 '접촉위안' 때문이다. 그만큼 촉감으로 유대감을 형성을 할 수 있다는 것이다.

모든 놀이에 앞서 애착관계 형성이 우선적으로 이뤄져야 한다. 이미 수많은 연구 결과에도 애착 관계가 자녀가 인지적, 정서적 문제와 상관관계가 있다고 말했다. 여기서 말하는 문제는 영·유아기부터 불안정하다는 것이 겉으로 드러나기 시작한다. 결국 애착이 형성되지 못하면 사회성이 떨어지거나 자존감 형성 등에 문제가 생길 수 있다는 것이다.

부모의 적절한 사랑과 보살핌으로 기초 공사를 튼튼하게 하자. 육아를 뒷전으로 미루고 일에만 몰두한다면 부부관계뿐만 아니라 자녀와의 관계도 소원해질 수 있다는 것을 명심해야 한다.

인지 발달에 좋은 치료놀이

놀이를 통해 부모가 자신이 처한 상황의 문제를 함께 풀어나갈 것이라는 유대감을 형성해야 한다. 부모가 모든 것을 해결하라는 말이 아니다. 자녀가 할 수 있는 것은 할 수 있도록 방법을 알려주어야 하는 것이다. 분명 자녀가 할 수 있는 것과 할 수 없는 것은 부모가 구분해줄 수 있을 것이다. 이는 치료놀이를 통해서도 가능하다. 예를 들어 복통이 심하면 '약손'이 소용없다는 것을 알려주고 '병원'에 가야 한다고 상황을 구분해줄 수 있다는 말이다.

● 치료놀이2 ('병원' 놀이)

부모는 자녀들에게 병원에 가야 하는 상황에 대해서도 알려주어야 한다. 이미 많은 경험들을 통해 병원에 가야 할 상황을 대부분 알고 있는 부모와는 다르게 자녀는 아직 알지 못한다. 병원놀이는 만 2세 이상의 말을 할 수 있을 것이다. 어느 정도 인지적 발달이 이뤄지고 언어 능력이 생겨난 후 놀이가 가능하기 때문이다.

뼈가 부러지거나 근육이 다치면 부어오르는 것을 많이 보았을 것이다. 심하게 다치면 가장 흔히 일어나는 일이고 육안 확인이 쉬운 것은 '붓기'일 것이다. 이것을 이용한 놀이를 하는 것을 추천한다.

우선 부모가 긴 바지를 입고 그 안에 붓기를 표현할 수 있도록 수건을 다리에 감싼다. 그리고 자녀에게 말한다. "아야! ㅇㅇ(아)야 아빠(엄마) 다리가 아프네. 이것 봐! 부어올랐어."라고 말하며 부어오른 부분을 가리킨다. 자녀가 관심을 보이면 다음과 같이 말하며 간단히 역할 설명을 한다. "ㅇㅇ(이)가 의사선생님이 돼서 아빠(엄마) 병을 고쳐줄 수 있을까? 이렇게 아프면 병원에서 사진(X-ray) 찍어주고 붕대 감아주는데." '약손놀이'에서 아픈 곳을 주무른다는 것을 배운 자녀라면 이 말을 듣고 행동할 것이다. 무엇을 해야 하는지 모르는 자녀에게는 사진 찍는 시늉과 붕대(수건)를 감을 수 있도록 유도해주면 된다. 이 과정이 지났다면 '약손놀이' 때와 마찬가지로 칭찬으로 성취감을 맛볼 수 있도록 해주며 놀이를 끝내면 된다.

모든 놀이는 자녀를 위해 부모가 먼저 시범을 보여주어야 한다. 그럼 긴 설명 없이도 자녀가 따라 할 수 있게 된다. 부모의 행동을 보며 각 감각기관들로 먼저 인지하기 때문이다. 놀이에서도 솔선수범하는 모습으로 임하자. 말하는 것도 행동하는 것도 자녀는 보고 느끼고 배울 것이다. 놀이를 함께하는 부모는 놀이의 특성을 잊어서는 안 된다. 이것은 앞에서 설명하였으니 다시 보고 기억하도록 하자.

핀란드는 모든 경험을 통해 스스로 배움을 할 수 있도록 환경을 제공해준다고 한다. 또한 그들은 놀이 중에 아이가 다치는 것도 배움이라고 생각하기도 한다. 자녀 스스로 놀이를 하다가 다칠 수도 있다는 것을 체험을 통해 느끼게 하는 것이다. 이처럼 자녀는 여러 종류의 놀이를 통해 다양한 경험을 하게 되고 놀이 안에서 얻은 정보들을 뇌에 저장하게 된다. 따라서 치료놀이는 다쳤을 때 대처하는 방법도 알려줄 수 있을 것이다.

치료놀이와 같이 2명 이상이 함께 놀이를 할 때 형제자매나 또래 친구들 사이에 다툼이 생기는 경우가 생길 수도 있다. 7세 이하의 자녀들은 특히 더 그럴 것이다. 아직 타인을 이해할 수 있는 기능이 발달되기 전이기 때문이다. 이런 상황에서는 부모의 역할이 중요하다. 그 상황에서 자녀가 느낀 감정에 대해 먼저 공감해주어야 한다. 그런 다음 겉으로 드러나는 구체적인 행동에 대해 명확하게 지적을 하고 행동을 수정해줘야 한다. 놀이를 잘 끝마쳤을 때에는 상을 준다. 반대로 중간에 다툼이 발생한 경우에는 벌을 주는 방법도 사용한다. 그래서 다투거나 위험한 행동을 다시 하지 못하도록 유도할 수 있다. 이 방법도 인지 발달에 따라 단계별로 적용해야 한다는 것을 기억해야 한다.

어렵겠지만 부모가 아닌 형제나 또래와 놀이를 할 때에도 자주 관찰해야 한다. 그래야 자녀가 어려워하는 점이 무엇인지 확인할 수 있다. 자녀는 어렵다고 느끼거나 지루하다고 느끼면 놀이를 오래 하지 못한다. 부모는 자녀가 놀이에 집중할 수 있도록 지도해주어야 한다. 관찰을 통해 놀이를 즐길 수 있는 방법을 자녀에게 알려주어야 하는 것이다. 놀이에 대해 집중해서 지속할 수 있게 하면 집중력이나 인내심을 향상시킬 수 있을 것이다.

육아가 처음인 아빠에게 보내는 단단한 한마디

치료 놀이를 통해 자녀의 신체 부위에 직접 스킨십을 할 수 있다. 이로 인해 유대관계도 형성되며 감각기관의 발달을 도모할 수 있다. 더 성장한 자녀에게는 부위 별, 증상 별 대처 방법도 알려 줄 수 있게 될 것이다. 이 놀이의 궁극적 목표는 실제 아픔을 경험하는 것과 이겨내는 것은 살아가는 데에 있을 수 있는 일임을 스스로 깨닫도록 도울 수 있다는 것이다. 아픈 만큼 성장할 수 있는 자녀로 양육하길 바란다.

05

밀가루로 할 수 있는 놀이

~~~~~~~~~~~~~~~~~~~~~~~~~~~

무엇을 하든 주의 깊게 하라,
그리고 목표를 바라보라.

– 작자 미상

안전을 먼저 생각하자

어떤 놀이든 자녀의 안전사고에 유의하고 대비해야 한다. 자녀가 놀이를 할 때 다음 행동에 대해 미리 예측을 해서 대비책을 강구해야 하는 것이다. 대비책은 구체적으로 세우는 것이 좋다. 하루가 다르게 성장하는 자녀가 언제 어떤 행동을 할지 모를 것이다. 그래서 현재 연령의 성장 발달 단계만 인지하고 있으면 안 된다. 현재 나이보다 더 앞서 행동을 예측해야 한다는 것이다.

밀가루 놀이를 하다 보면 자녀는 입에 넣으려고 할 수도 있다. 이 행동도 감각을 발달시키는 놀이의 일종이기 때문에 저지해서는 안 된다. 다만 밀가루를 입에 넣었을 때 발생할 수 있는 사고를 대비해야 할 것이다. 놀이 도구가 입에 들어갔을 때 일어날 수 있는 사고 중 가장 위험한 사고는 '질식사고'이다. 만 2세 전후의 자녀들에게 많이 일어나는 사고 중 하나라고 한다. 보통 만 9세까지도 사고를 일으킨다고 하니 꼭 알아두어 긴급 상황에 대처할 수 있도록 하자.

질식사고가 빈번하게 일어나는 영아기의 자녀를 대상으로 설명하겠다. 대처할 수 있는 방법으로는 '하임리히법'과 '심폐소생술'이 있다. 먼저 '하임리히법'은 기도에 음식물, 이물질 등이 걸렸을 때 이를 빼내는 응급처치 방법을 말한다.

영아기 자녀는 체구가 작기 때문에 성인에게 적용하는 방법을 적용하기는 어렵다. 영아의 경우 한 손으로는 자녀의 턱을 잡고, 다른 손으로는 뒤통수를 감싸며 천천히 들어올린다. 머리를 아래쪽으로 향하게 하여 엎드린 자세를 만들어준다. 이때 자녀의 몸을 팔로 받쳐주어야 하나. 자녀를 받치고 있지 않은 손의 손바닥 아랫부분으로 양쪽 날개 뼈 중앙 부위를 두드린다. 다음 '심폐소생술'을 함께 실시한다. 자녀를 바로 눕혀 양쪽 젖꼭지 중앙 부분 바로 아래를 중지와 약지 2개의 손가락으로 5회 압박해준다. 이렇게 이물질이 제거될 때까지 2가지를 반복하면 된다. 유아기 이상의 자녀는 성인의 경우와 마찬가지로 해주면 된다.

본격! 집에서 쉽게 할 수 있는 밀가루 놀이

집에서 마음먹기 전에 하기 힘들 것이라 생각하는 놀이가 밀가루와 같은 가루를 이용한 놀이다. 뒤처리하기 힘들다는 이유에서다. 하지만 조금만 용기를 낸다면 자녀에게 더 많은 더 좋은 성장을 이끌어 낼 수 있을 것이다.

밀가루 놀이는 가루 형태로 놀이를 진행할 수도 있고 물과 섞어 반죽 형태로 놀이를 할 수도 있다. 가루 형태로 엄두가 나지 않는다면 반죽 형태로 해도 무방하다. 다음 2가지 놀이 방법을 소개하겠다.

● 밀가루 놀이 1 ('보들보들 밀가루' 놀이)

자녀의 오감을 발달시켜줄 수 있는 놀이이며 상상력, 창의력도 향상시킬 수 있다. 밀가루 말고도 다양한 종류의 가루가 있지만 가장 흔히 구할 수 있다는 장점이 있다. 가루로 놀이를 하는 경우는 보통 오감을 발달하는 영아기 자녀들과 노는 경우다.

놀이를 위해서는 시중에서 판매 되는 대형비닐이 필요하다. 놀이 공간에 맞는 크기로 준비해주는 것이 놀이 후 뒤처리하기 쉬울 것이다. 비닐 고정이 되었다면 자녀의 기저귀나 속옷을 제외하고 옷을 벗긴다. 이때 옷이 더럽혀져도 상관없다면 벗기지 않아도 된다. 반대의 경우라면 놀이 공간의 온도 조절도 필수다. 이제 핵심 준비물 밀가루를 종이컵 2컵 분량으로 깔아놓은 비닐 중앙 부분에 쏟는다. 자녀가 밀가루를 가지고 놀 수 있도록 시범을 보여준다. 밀가루의 촉감을 느낄 수 있도록 손이나 몸에 뿌려준다. 거부를 하지 않을 경우 밀가루를 추가해서 놀이를 진행하면 된다. 진행하는 동안 자녀의 머리 위에 뿌리며 눈이 온다고 표현할 수도 있다. 이때 눈에 들어가지 않도록 주의하자.

밀가루의 촉감을 청각으로도 느낄 수 있는 표현을 반복해서 사용해준다. "보들보들 밀가루네, 부드러운 하얀 밀가루네, ○○(이) 머리에 눈이 소복소복 하얗게 쌓였네." 등과 같이 표현할 수 있을 것이다. 이렇게 표현해주면 어휘력도 함께 발달할 수 잇을 것이다.

컵에 밀가루를 꾹꾹 눌러 담아 엎어놓으면 컵 모양대로 밀가루가 뭉쳐져 성을 쌓을 수 있다. 밀가루를 모아 산처럼 만들고 가운데에 젓가락을 꽂는다. 그리고 부모와 자녀가 번갈아 가며 밀가루를 빼내어 자기 앞으로 가져온다. 이때 젓가락이 쓰러지면 지는 것이다. 젓가락을 쓰러뜨리지 않기 위해 집중하게 되며 어떻게 하면 쓰러뜨리지 않을지 생각하면서 사고력을 키울 수 있다. 밀가루를 손이나 손가락으로 집는 것, 숟가락이나 컵으로 떠올리는 행동으로 근육 발달 효과까지 얻을 수 있다.

● 밀가루 놀이 2 ('조물조물 밀가루반죽' 놀이)

밀가루 놀이 1의 심화 단계라 보면 될 것 같다. 앞에서 준비한 것처럼 대형 비닐을 준비한다. 밀가루반죽을 부모가 미리 만들어놓아도 된다.

하지만 더 많은 체험을 하려면 자녀와 함께 밀가루반죽을 만들어보는 것을 추천한다. 반죽을 위해 나물 무침을 할 때 사용하는 스테인리스 볼을 준비한다. 밀가루를 붓고 물을 부어준다. 물을 부을 때는 조금씩 나눠서 넣으며 반죽의 찰기 정도를 확인한다. 반죽이 손에 붙지 않을 정도가 되었다면 자녀와 놀이를 시작하면 된다. 반죽으로 할 수 있는 놀이는 여러 가지가 있다.

손으로 반죽을 조금씩 뜯어내어 원, 사각형, 삼각형 등 다양한 모양을 만들 수 있다. 집에 쿠키를 만들 때 사용하는 틀이 있다면 이를 이용해 모양을 찍어낼 수도 있다. 반죽을 뭉쳐놓고 젓가락으로 찔러서 반죽에 구멍 내는 것도 할 수 있다. 자녀의 손바닥과 발바닥을 반죽에 눌러 모양을 찍을 수도 있다. 반죽을 얇게 편 후 자녀가 양쪽으로 찢어내는 놀이도 가능하다.

반죽의 형태를 바꾸거나 첨가물을 넣는다면 또 다른 놀이도 가능하게 된다. 밀가루 반죽을 손에 살짝 붙는 정도로 묽게 만든다. 점수가 적힌 과녁을 만들고 반죽을 던지는 과녁 맞추기 놀이가 가능할 것이다. 식용 색소를 넣어 다양한 색을 연출해주어도 좋다. 반죽을 할 때 색소를 넣어 색깔을 내고 이를 통해 색을 인지하는 효과까지 얻을 수 있다. 이렇게 여려 가지 놀이를 마친 후에는 자녀를 목욕시키고 놀이공간에서 비닐만 걷어내면 된다. 부모가 합심하면 자녀 목욕과 정리를 동시에 할 수도 있을 것이다.

밀가루 놀이는 가루와 반죽이라는 특성상 여러 가지 모양을 만들어 낼 수 있다. 이로 인해 창의력, 상상력 등 인지 발달이 이뤄진다. 또한 신체를 사용하므로 근육도 발달할 수 있다. 혹시라도 자녀가 우물쭈물하고 있다면 격려와 지도를 통해 놀이를 이어나가도록 도와주어야 한다. 어떤 모양을 자녀 스스로 만들어 냈을 때는 칭찬을 아끼지 않아야 한다. 이렇게 한다면 놀이를 통해 성취감, 보람 등 감정 발달과 자존감까지 향상될 것이다.

중국의 육아 전문연구가 루펑청은 자신의 책 『큰소리치지 않고 아들 키우는 100가지 포인트』를 통해 이렇게 말했다.

"포기해야 한다는 점을 이해하고 아이가 스스로 해결점을 찾도록 격려하고 힘이 닿는 데까지 본인이 다른 방법을 시도해볼 기회를 마련해주어야 한다."

이것은 자녀 스스로 강해지게 만드는 방법이다. 어떤 놀이를 하든지 다양한 경험을 스스로 하게 해야 한다. 그로 인해 자녀가 이뤄낸 것이 있다면 보상을 해주는 것이 좋다. 자녀에게 놀이에 대해 긍정적 인식을 심어줄 수 있어야 하는 것이다. 이렇게 했을 때 자녀는 더 다양한 놀이를 원할 것이다. 그리고 그 놀이를 통해 더 많은 것을 스스로 깨달으며 성장할 것이다.

육아가 처음인 아빠에게 보내는 단단한 한마디

밀가루 놀이는 자녀가 있는 대부분의 부모는 한 번쯤은 직·간접적으로 경험한 적이 있을 것이다. 그래서 놀이보다는 안전사고에 더 중점을 두고 싶다. 실제 자녀를 양육하는 저자들도 자녀의 안전사고에 늘 신경을 곤두세운다. 그럼에도 불구하고 자녀는 다치게 되기도 한다. 밀가루 놀이뿐 아니라 모든 놀이에서는 안전을 확보한 상태에서 진행해야 한다는 점을 잊지 않도록 하자.

페트병으로 할 수 있는 놀이

우리가 이룬 것만큼,
이루지 못한 것도 자랑스럽습니다.

- 스티브 잡스

청각과 창의력을 키워주는 악기 연주하기

영아기의 자녀들을 위한 놀이 환경의 종류는 오감 발달 위주로 구분한다. 신체와 감각 발달을 위한 영역, 탐색과 표현을 위한 영역, 조작 영역, 언어 영역 등이다.

유아기의 자녀들을 위한 놀이 환경의 종류는 뇌의 전체를 발달시켜야 하므로 영아기 자녀보다 더 다양하다. 가정 내에서 놀이 환경은 흥미 영역별로 다음과 같이 나눌 수 있다. 언어영역, 수·과학영역, 음률영역, 미술영역, 요리영역, 역할놀이영역 등이다. 가정에서 자녀의 흥미를 유발하는 환경을 만들어주면 장점이 있다. 놀이에 대한 선택의 다양성이 생긴다. 따라서 자녀 스스로 선택한 놀이에 능동적, 적극적으로 참여하면서 더 창의적인 놀이 활동을 즐기게 되는 것이다.

환경 문제로 사용량이 줄어들기는 했지만 생활 속에서 다양한 종류의 페트병을 구하기는 쉽다. 소아과에서 처방받아 받을 수 있는 물약통, 요구르트병, 생수병 등 일상생활에서 금방 구할 수 있을 것이다. 이런 페트병들은 놀이를 할 때 다방면에서 유용하게 사용할 수 있다. 과학영역, 음률영역, 미술영역 등 여러 영역에서 자녀를 성장시킬 수 있다.

다섯 가지 감각 중에서 소리를 느끼는 감각은 청각이다. 청각을 발달시키려면 영유아기의 음악 활동은 놀이의 기본이라고 할 수 있다. 음악을 들려주는 것도 도움이 되지만 악기를 연주하게 하는 것도 발달에 도움이 된다. 음률 영역의 놀이 중에는 악기를 연주하는 것이 있다. 바로 이 악기 연주를 페트병을 사용할 수 있다. 페트병으로 만들 수 있는 악기는 마라카스, 드럼, 기타 등이 있다.

● 페트병 놀이1 ('치크치크' 마라카스 연주 놀이)

마라카스라는 악기는 사전적 의미로 흔들어서 소리를 내는 체명악기이다. 체명악기는 북 종류를 제외한 타악기를 말한다. 자녀가 어린 시절 가지고 노는 딸랑이라고 생각하면 이해하기 쉬울 것이다.

딸랑이와 마찬가지로 마라카스는 소리를 내며 자녀의 청각을 자극시키고 발달시킬 수 있다. 마라카스는 페트병으로 간단하게 만들 수 있다. 영아기 자녀들을 위해서는 페트병 중 물약통처럼 손에 잡힐 만한 자그마한 크기의 병을 준비하는 것이 좋다. 그리고 병 안에 쌀, 보리, 녹두, 콩, 팥 등 곡식을 준비한다. 병의 3분의 1 혹은 4분의 1 정도 준비한 곡식을 넣어준다. 그리고 뚜껑을 닫으면 완성이 된다. 완성된 것을 자녀와 한 개씩 나눠 가지고 손으로 잡고 흔들면 멋진 페트병 마라카스 연주를 할 수 있다.

이때 병 안에 작은 크기의 곡식을 넣는 과정은 자녀의 소근육 발달에도 도움이 될 수 있다. 완성된 악기를 들고 흔들 때는 대근육을 키워줄 수도 있다. 연주할 때 곡식이 병에 부딪히는 소리는 청각을 자극시킨다. 이때 부모가 입으로 "치크치크", "쉐킷쉐킷" 등과 같이 소리를 표현해주면 자녀의 표현력 향상에 도움을 줄 수 있다.

● 페트병 놀이2 ('뚜구뚜구' 드럼 연주 놀이)

드럼은 원통 형태로 만들어진 타악기와 접시 모양으로 만들어진 타악기로 구성되어 있다. 보통 한 사람이 '스틱'이라고 말하는 나무 막대기 2개를 이용해 연주하게 된다. 이 드럼 역시 페트병으로 만들 수 있다.

여러 종의 페트병과 나무젓가락을 준비한다. 이때 페트병은 크기가 다양할수록 많은 종류의 소리를 들려줄 수 있을 것이다. 생수병, 음료수병 등 여러 종류의 페트병을 뚜껑을 제거한 상태로 준비한다. 자녀를 앉혀

놓고 앞쪽 공간에 페트병을 둘러싼다. 그리고 나무젓가락을 둘로 나눠 손에 쥐어준다. 부모가 먼저 두드리는 모습을 보여준다면 자녀는 금방 따라 하게 될 것이다.

페트병 드럼을 연주하는 것 역시 청각 발달에도 도움이 된다. 박자에 맞춰 두드리는 법을 알려주는 것을 반복한다면 박자에 대한 감각도 생길 것이다. 자녀가 좋아하는 음악과 함께 두드려 준다면 놀이를 더 즐겁게 할 수 있다. 나무젓가락을 쥐며 소근육 발달이 되고 페트병을 두드리며 대근육도 발달이 된다. 이때도 마찬가지로 부모가 효과음을 더해준다면 더 즐겁게 놀이를 유지할 수 있다. 페트병의 각 부분을 두들겨보면 소리가 다른 것을 알 수 있을 것이다. 병마다 다른 소리를 입으로 내주면 자녀가 사용하게 될 언어도 풍부해질 수 있을 것이다.

● 페트병 놀이3 ('띵가띵가' 기타 연주 놀이)

기타는 나무와 쇠줄로 만들어지는 현악기 종류 중 하나이다. 나무의 속을 비워내어 통 형태로 만들고 긴 모양의 손잡이를 만들고 줄을 연결하여 튕기며 소리를 낸다. 원통 입구에서 줄을 튕기면 통 안에서 소리가 증폭되어 울리게 된다.

페트병으로도 쉽게 만들 수 있다. 먼저 1.5L 용량의 음료수병이나 생수병을 준비한다. 고무줄, 압정, 테이프도 준비한다. 페트병을 옆으로 눕혀 놓고 병 아래쪽을 3~5cm 여유를 두고 커터 칼을 이용해 구멍을 가로

5cm, 세로 3cm 정도 크기로 뚫어준다. 동그랗게 잘라내기 어렵다면 사각형 모양으로 잘라내도 된다. 잘라낸 후에는 자녀의 손이 베일 수 있으니 테이프를 이용해 날카로운 부분에 붙여준다. 페트병 상단과 병 아래쪽 여유 공간에 압정을 꽂아준다. 위, 아래에 꽂은 압정의 핀 부분에 고무줄을 돌돌 말아 고정해준다. 여러 가닥의 고무줄의 팽팽한 정도를 다르게 해주면 각각 다른 음을 표현할 수 있다.

부모가 먼저 고무줄을 튕겨 소리를 들려준다. 그럼 자녀 또한 고무줄을 튕기며 나는 소리를 즐기게 될 것이다. 이때 고무줄의 중간 중간을 손가락으로 눌러주면 또 다른 음을 만들 수 있다. 제대로 된 음을 만들어 동요를 연주해도 자녀의 반응을 유도하는 데 좋을 것이다. 실제 음을 표현해주면 음감이 생길 것이다. 고무줄을 튕기는 행동은 소근육 발달에 도움을 줄 것이다.

페트병으로 다양한 악기를 만드는 것은 생각보다 간단하다. 소리 나는 장난감들은 많지만 모든 장난감을 집에 두기는 힘들 것이다. 자녀가 실증도 쉽게 느낄 수 있기 때문에 장난감이 더 많이 필요할 수도 있다. 하지만 페트병은 깨끗하게 씻어서 가지고 놀다가 자녀가 싫증을 내면 분리수거해서 버리면 된다. 또 필요할 때가 되면 다시 만들어주기도 쉬울 것이다.

운동 신경과 집중력을 동시에 키우는 놀이

한 치 앞도 모르는 게 인생이다. 하지만 육아는 더 알 수 없다. 내 인생이 아니고 자녀의 인생이기 때문이다. '세 살 버릇 여든까지 간다'는 말처럼 어린 시절의 경험이 평생을 좌우할 수도 있다. 음악과 미술처럼 창조적인 놀이 활동을 한다면 창의력이 성장하게 될 것이다. 과학 영역의 놀이 활동을 한다면 어떤 현상에 대한 원리를 알 수 있게 되기도 한다. 페트병 하나로 성장 과정에서 다양한 분야에서 창의적인 사고를 할 수 있게 되는 것이다. 각 놀이 영역에 대한 재능도 발견할 수도 있다.

● 페트병 놀이4 ('홈런' 야구 놀이)

놀이공간이 넓을수록 좋다. 실외에서 하기 어렵다면 넓은 거실에서 해야 한다. 이때 깨지거나 부서질 수 있는 위험 요소를 제거한 후 놀이를 하는 것이 안전할 것이다.

자녀의 성장 발달에 따라 페트병 크기를 골라준다. 영유아용 공을 준비한다. 공이 없다면 종이를 뭉쳐서 공처럼 만들어 사용해도 된다. 양손으로 페트병을 거꾸로 들어 올려 휘두를 준비를 한다. 자녀를 향해 준비한 공을 받아치기 쉬운 세기와 높이로 던진다. 자녀는 공을 멀리 쳐낸다. 역할을 바꿔 자녀가 공을 던질 수도 있다. 부모가 먼저 공을 페트병으로 쳐서 멀리 보내고 공을 던지는 모습을 자녀에게 보여준다면 자녀는 금세 따라 할 것이다.

야구 놀이를 하면 공을 던지고 치는 행동으로 근육이 발달할 수 있다. 공을 치기 위해 집중력도 발휘할 것이다.

● 페트병 놀이5 ('스트라이크' 볼링 놀이)

볼링은 열 개의 핀을 세워놓고 공을 굴려 쓰러뜨리는 스포츠다. 볼링 핀을 많이 쓰러뜨릴수록 높은 점수를 획득할 수 있다.

볼링 핀 역할을 할 수 있는 10개의 페트병을 준비한다. 그리고 볼링 핀을 쓰러뜨리기 위한 공을 준비한다. 페트병 10개를 볼링 경기와 같이 삼각형 대열로 세워둔다. 공을 굴려 세워놓은 페트병을 쓰러뜨린다. 처음에는 빈 병으로 하다가 난이도를 높여 물을 담아 놓을 수도 있다. 부모와 자녀가 점수를 측정하며 대결을 할 수도 있다. 볼링 핀 역할을 하는 페트병에 숫자를 써놓는다면 숫자 놀이도 동시에 할 수 있다. 또한 동물이 그려진 스티커를 붙여두고 동물을 사냥하는 상황도 연출할 수 있다.

이 놀이를 통해 공을 굴리기 위한 대근육이 발달할 수 있다. 야구 놀이와 마찬가지로 손과 눈을 이용하기 때문에 두 감각기관의 협응력 또한 기를 수 있다. 공을 쓰러뜨리려고 집중력도 발달할 것이다.

페트병을 이용하여 다양한 놀이를 하면 그만큼 다양한 신체 발달을 도울 수 있다. 페트병으로 놀이 도구를 만드는 과정에서 창의력이 향상된다. 그리고 새로운 놀이를 생각하며 상상력도 발휘될 수 있다. 자녀와 함께 정적, 동적 놀이를 하며 유대관계가 형성될 수 있다. 또한 운동 경기를 모방하며 운동 규칙도 함께 배울 수 있을 것이다.

육아가 처음인 아빠에게 보내는 단단한 한마디

생활 속 다양한 종류의 페트병은 다양한 놀잇감으로 사용된다. 특히 환경 문제로 플라스틱 사용을 줄이고 있는 요즘 장난감으로 재활용할 수도 있다. 더불어 자녀의 청각, 근력, 창의력, 집중력 등을 향상시킬 수 있다면 1석 N조의 효과를 보는 놀이가 아닐까?

07

컵으로 할 수 있는 놀이

~~~~~~

건전한 신체에
건전한 정신이 깃든다.

– 유베날리스

활동적이고 물이 필요 없는 컵 놀이

보육학개론에서 프로스트와 키싱어의 보육 기관에서의 놀이 환경 구성을 소개했다. 어린이집, 유치원 등 보육기관은 장난감의 종류가 많고 공간이 넓다. 하지만 가정에서도 구분해줄 필요가 있기 때문에 설명해보 겠다.

구성 방법은 물의 필요성과 놀이의 활동성에 따라 4가지 영역으로 말할 수 있다. 물, 모래, 물감, 과학 영역의 놀이를 즐길 수 있는 동적이고 물이 필요한 공간이 있다. 요리, 미술 영역처럼 정적이지만 물이 필요한 공간도 만들어줄 수 있다. 쌓기, 역할, 목공, 음률 영역의 놀이를 위한 동적이고 물이 필요하지 않은 공간이 있다. 마지막으로 언어, 수 조작, 컴퓨터 영역과 같이 정적이며 물이 필요하지 않은 놀이 공간까지 만들어줄 수 있다. 이와는 다르게 놀이 활동 영역의 범위나 소음 정도에 따라 구분할 수 있을 것이다.

컵의 종류도 종이컵, 플라스틱 컵, 유리컵 등 다양하다. 하지만 자녀와 함께 놀기 위해서는 쉽게 깨지지 않는 플라스틱 컵이나 종이컵을 사용한다. 컵은 놀이 도구로 다양한 영역에서 사용될 수 있을 것이다.

● 컵 놀이1 ('하얀 컵 탑' 컵 쌓기 놀이)

놀이 영역 중 쌓기 놀이가 있다. 쌓기 놀이는 부분과 전체, 공간구성력, 분류능력의 형성을 도와준다고 한다. 또한 신체기술을 향상시키기도 하며 정서적 긴장감을 해소해주기도 한다.

자녀가 손에 쥘 수 있을만한 크기의 종이컵을 3개 이상 준비한다. 이때 종이컵 개수가 많으면 놀이 시간이 길어지고 더 다양한 형태로 쌓을 수 있다. 종이컵을 뒤집어 한 줄로 놓아 탑의 한 개의 층을 만들어준다. 그리고 그 위에 교차하여 컵을 다시 한 줄로 놓는다. 이렇게 반복하여 맨 위에 컵 한 개가 쌓이게 되면 컵 탑이 완성된다. 모양을 변형시켜 맨 아래 놓는 컵들을 2줄, 3줄로도 만들어 쌓을 수도 있다. 컵 탑이 완성되면 탑을 무너뜨리며 더 활동적인 놀이까지 할 수 있다. 만 2세부터는 주제를 가지고 쌓기 놀이에 참여할 수 있게 된다. '2층 쌓기', '3층 쌓기' 등 주제를 정하면 컵을 다 쌓았을 때 성취감을 맛볼 수 있다.

● 컵 놀이2 ('골인' 컵 속에 공 넣기 놀이)

다트를 하거나 구기 종목에서 골대가 있는 것처럼 놀이를 할 때 목표가 있다면 집중력을 향상시킬 수 있다. 그리고 목표를 이뤘다면 성취감을 얻을 수 있다.

준비한 컵을 자녀와 거리를 두고 세워놓는다. 그리고 탁구공이나 비슷한 크기의 공을 준비한다. 공을 던져서 세워놓은 컵에 던져 넣는다. 이때 자녀가 계속 실패한다면 더 큰 규격의 컵으로 변경을 해야 한다. 또는 공을 더 작은 사이즈로 바꿔야 한다. 계속 실패만 한다면 놀이에 대한 재미가 금방 사라질 것이기 때문이다. 시간을 정하고 그 시간 안에 공을 얼마나 많이 넣는지 대결을 할 수도 있다. 공을 던져서 컵이 쓰러지면 실패, 제한 시간 안에 정해진 수의 공 넣기 등과 같이 나름의 규칙도 정할 수 있을 것이다.

활동적인 놀이로 근육과 운동 능력이 향상되는 효과를 볼 수 있다. 규칙이 있다면 이것을 지켜야 하므로 대화를 하게 되며 언어 능력도 발달할 수 있다. 또 대결을 하면서 사회성도 발달하게 된다.

부모는 자녀가 놀이를 할 때 함께 참여하면서도 자녀를 관찰해야 한다. 자녀는 처음이라 잘 하지도 못하는데 부모만 신나서 놀이에 집중한다면 자녀에게 성취감은커녕 좌절감만 맛보게 될 것이다. 놀이를 하는 동안 자녀가 어떤 점을 어려워하는지 관심을 가지고 지도해주어야 한다. 어려워한다고 해서 윽박지르거나 강압적인 태도로 압박을 주어선 안 된다. 너무 쉽게 성취하게 해주는 것과 안 되는 것을 계속 시키는 것도 좋지 않는 놀이 방법이다.

그래서 가끔은 난이도를 낮춰 자녀 수준에 맞는 방법을 적용하는 때가 필요하다. 놀이 중 규칙을 만들어 알려주고 자녀에게 그것을 지키는 행위를 알려주면서 협동놀이를 준비하게 된다. 또한 규칙을 만든다면 협응력과 사회성, 인지력, 언어 능력 등 다양한 영역을 향상시킬 수 있다.

활동적이고 물이 필요한 컵 놀이

놀이 유형에 따라 분류하고 놀이 환경 조성을 한다면 구체적 경험 중심의 통합적 활동이 가능하다. 놀이 영역이 구분되어 있으면 유형에 적합한 장난감으로 발전된 놀이 형태를 유도할 수도 있다. 그리고 자녀가 놀이를 하는 시간을 더 길게 할 수도 있다.

집이 좁다면 뚜껑이 있는 상자를 이용하여 장난감 구분을 해주는 것도 방법이다. 혹은 서랍장에 구분하여 넣어줄 수도 있다. 이렇게 하면 정리 · 정돈 습관을 기를 때도 효과적이다.

● 컵 놀이3 ('여기 저기' 컵으로 물 옮겨 담기 놀이)

놀이를 시작하기에 앞서 냄비나 비슷한 깊이의 물을 담을 수 있는 그릇을 2개 준비한다. 그리고 적당한 크기의 컵을 준비한다. 그릇 2개 중 하나에 물을 3분의 2 정도의 양을 담는다. 다른 그릇은 물을 넣지 않고 비어 있는 상태로 물이 담긴 그릇과 거리를 두고 놓는다. 물이 들어 있는 그릇에서 컵으로 물을 떠서 담는다. 물이 들어있는 컵을 들고 빈 그릇으로 가져다 옮겨 붓는다.

그다음 심화 단계이다. 물 담을 그릇을 2개 이상 준비하고 천연 식용 색소와 빈 그릇도 물이 담긴 그릇의 수와 같이 준비한다. 물에 색소를 넣어 색을 다르게 만든다. 빈 그릇에 물 색깔과 같은 색 이름을 적어놓는다. 예를 들어 빨강, 파랑, 노랑 색소를 준비했다면 빈 그릇에 순서대로 빨강, 파랑, 노랑 표시를 하는 것이다. 이후 컵으로 빨간색 물을 떠올렸다면 빨간색 표시를 한 빈 그릇으로 옮기는 것이다.

그릇의 개수나 규칙을 변화시켜 다양한 놀이를 할 수 있을 것이다. 이렇게 물을 이용한 놀이를 할 때 가장 중요한 것이 있다. 바로 미끄러지는 사고이다. 자녀가 물을 옮기는 과정에서 물을 쏟을 수 있다. 그리고 그 물을 밟고 미끄러져 다칠 수가 있다. 그래서 예방 대책으로 이동 동선에 수건을 깔아둘 수 있다. 그것도 여의치 않다면 실외에서 진행하는 것을 권장한다. 놀이를 할 경우에는 무엇보다 안전이 최우선으로 해야 한다는 것을 잊지 말자.

이 놀이는 컵을 이용한 놀이 중 자녀의 신체 활동을 발달시킬 수 있는 또 하나의 놀이다. 컵을 잡을 때, 물을 떠올릴 때, 물을 옮길 때, 물을 쏟아낼 때 자녀의 손과 팔은 쉴 새 없이 움직일 것이다. 심화 단계의 놀이까지 한다면 색을 구분할 수 있는 판단력과 인지력이 향상될 것이다. 또한 색을 구분하여 빈 그릇에 넣으며 사고력과 분별력도 발달하게 될 것이다.

● 컵 놀이4 ('물 위 골대에 공을 넣어라' 컵 골대에 종이 공 던져 넣는 놀이)

놀이를 위한 준비사항은 다음과 같다. 세숫대야나 아기 욕조를 준비한다. 그리고 종이컵을 3분의 2정도 잘라낸다. 준비한 대야에 3분의 2정도 물을 받아준다. 물 위에 잘라놓은 종이컵을 띄워둔다. 탁구공 크기보다 조금 작은 크기로 종이를 뭉쳐서 만든 공 또는 플라스틱 병뚜껑을 준비한다. 이때 공에는 점수를 써놓는다. 마지막으로 물을 받아 놓은 대야에서부터 1m 정도 떨어진 곳에 수건을 돌돌 말아 스로라인(공을 던질 때서는 선)을 만들어준다.

이 놀이는 스로라인 앞에 서서 물 위에 떠 있는 종이컵에 공을 던져 넣는 놀이다. 스로라인을 넘으면 파울이고 던질 기회가 사라진다는 규칙을 만들어 경기를 진행한다. 자녀에게 시범을 보이거나 놀이 방법을 설명하고 놀이를 진행하자.

종이컵에도 숫자를 써넣고 종이컵 안에 공이 들어가면 두 수를 더해 점수를 얻을 수 있도록 규칙을 만들어도 좋다. 이 점수 계산 방법으로 자녀는 숫자의 연산도 할 수 있을 것이다. 물론 이렇게 점수를 연산하는 것은 숫자의 개념이 잡혀 있는 자녀들에게 맞는 놀이일 것이다.

부모도 처음 겪는 일에는 서툴고 두려울 수밖에 없는 사람이다. 육아를 하며 서툴고 낯선 것은 당연한 것이라는 말이다. 누구든 처음 시작은 어설프다. 하지만 시작을 해야 성장할 수 있고 이후에 더 잘할 수 있다. 놀이를 하다 보면 자신 스스로 또는 자녀에게도 부족한 점이 보일 것이다. 예를 들면 인내심 부족, 집중력 부족, 놀이를 위한 근육 발달 정도 등이 있을 수 있다. 이런 때일수록 부정적으로 생각하거나 말하지 말고 어떻게 개선해야 할지 생각하는 시간을 갖는 것이 더 좋은 선택이다. 그리고 자녀의 성장 발달에 대해 다시 한 번 공부하자. 그렇게 하면 자녀의 행동을 이해할 수도 있다. 부모인 당신도 스스로를 돌아보고 발견한 것이 있다면 변화하려고 노력해야 할 것이다. 오늘도 자녀와 즐거운 놀이 시간을 갖기 바란다.

육아가 처음인 아빠에게 보내는 단단한 한마디

보육학개론에서는 놀이 유형에 따른 환경 조성을 하도록 권한다. 구체적 경험 중심의 통합적 활동이 가능하기 때문이다. 집에서는 어린이집이나 키즈카페와 같이 구성하기는 힘들 것이다. 하지만 최소한의 분류라도 해주는 것이 자녀에게 도움이 된다는 것을 기억하도록 하자.

08

종이로 할 수 있는 놀이

〰〰〰〰〰〰〰〰〰〰〰〰〰

마음을 가는 것은
두뇌를 가는 것보다
더 소중하다.

– 탈무드

종이를 이용한 촉감과 신체 발달 놀이

아무 것도 쓰이거나 그려지지 않은 백지 상태의 종이로는 어떤 것이든 할 수 있다. 그림 그릴 때 사용하는 물감이나 이외의 도구들을 이용하여 그리기 놀이를 할 수 있다. 종이를 구겨 만든 공으로 다양한 놀이를 할 수도 있다. 2가지 외에도 훨씬 다양한 놀이를 즐길 수 있다. 이미 상상하고 있는 것 이상으로 더 많이 만들어 낼 수도 있을 것이다. 장난감으로는 가격도 저렴하고 쉽게 구할 수 있다는 장점도 있다.

신생아기부터 만 2세까지 자녀들의 성장발달과정과 뇌 발달 과정을 앞에서 설명했다. 대표적인 발달 사항으로는 오감 발달과 신체 발달이 있다. 이때 5가지 감각 외에도 2가지 감각이 더 존재한다. 바로 위치감각과 전정감각이다. 이 2가지 감각 또한 뇌에 신호를 전달한다. 따라서 오감이 아닌 총 7개의 감각이 있고 이를 칠감이라고도 한다.

기본적으로 알고 있는 5가지 감각은 청각, 촉각, 미각, 시각, 후각이다. 이 오감을 제외한 2가지 감각 중 위치감각은 시각이나 청각에 의지하지 않고 자신의 신체 부위가 어떤 위치에 있는지를 아는 감각이다. 그리고 전정감각은 신체의 움직임과 변화를 느끼게 하는 감각이다.

종이로 하는 놀이 중에는 칠감과 신체 발달에 따른 놀이와 사고력, 창의력, 상상력 등의 뇌 발달에 따른 놀이로 구분할 수도 있다. 2가지 구분에 따른 놀이에 대해 설명하기 전에 종이놀이 중 주의해야 할 것이 있다. 종이 가장자리는 칼날처럼 날카롭다. 종이에 자녀가 베이지 않도록 주의해야 한다. 만일 신생아기~만 2세의 자녀라면 입에 넣는 것도 주의해야 한다. 잘못하면 기도가 막히는 질식사고가 일어날 수도 있다. 질식사고의 위험에 벗어났더라도 아직 면역이 생기지 않은 자녀들은 소화를 시키는 중에 문제를 일으킬 수도 있다. 이 점을 기억하고 놀이 활동을 하도록 인지시켜주는 것이 부모의 역할이다.

● 종이 놀이1 ('구기고 찢고 뿌리기' 종이 놀이)
자녀가 만 2세 미만이라면 본능과 오감 발달에 충실하고 아직 사고력이 발달되지 않은 상태일 것이다. 이 연령의 자녀들이 종이를 가지고 하는 놀이 중 가장 기본 단계의 놀이다. 놀이 재료는 노트 한 장, A4용지 한 장 등 쉽게 구할 수 있고 저렴한 것이 좋을 것이다. 화장지도 이용할 수는 있지만 입으로 가져갈 확률이 있어 제외한다. 아마 처음 종이를 접하는 자녀의 경우는 입으로 가져가지 못하고 먼저 탐색의 과정을 거칠 것이다. 종이를 손이나 다른 부위의 피부로 먼저 느낀다. 이후에는 손으로 집어서 잡을 수 있게 될 것이다.

노트에서 한 장을 뜯어낸다. 스프링 식 노트였다면 가장 자리에 남아 있는 찌꺼기 종이를 잘라낸다. 자녀가 장난감으로 사용할 수 있도록 적당한 크기로 잘라준다. 적당한 크기란 A4용지 4분의 1 크기로 4등분으로 잘라준다. 먼저 부모가 자녀 앞에서 종이를 구기는 모습을 보여준다. 맨 처음 종이를 접한 자녀가 할 수 있는 일은 잡아서 구기는 것이 먼저일 것이기 때문이다. 종이를 구겨내는 행동을 보였다면 찢는 모습을 천천히 보여준다. 그다음 자녀의 손에 쥐어 준다. 이것을 반복하면 자녀는 부모의 행동을 따라 할 것이다. 종이를 찢는 행동을 익숙하게 해낸다면 다음 단계로 넘어간다. 찢은 종이를 한 군데 모아 손으로 한 주먹 집어 든다. 그리고 자녀의 신체 부위인 머리 위나 다리 위, 손바닥 위에 종이를 뿌려 준다. 이때 효과음을 추가하면 더 유익한 놀이가 될 것이다.

● 종이 놀이2 ('공 만들어 멀리 던지기' 종이 놀이)

보통 생후 7~8개월 정도 되면 던지는 행동을 보인다. 종이를 구기거나 찢으며 발달시킨 근육과 감각들은 이 시기에 던지기를 할 수 있게 만드는 것이다.

자녀 앞에서 먼저 종이를 구겨 공을 만드는 것을 시범 보이도록 하자. 자녀가 잘 만들 때가 되었을 때 종이 공을 허공을 향해 먼저 던져보자. 자녀가 곧 따라 할 것이다. 그 다음 단계를 높여 목표물을 정하여 던져서 맞히기 놀이를 할 수 있을 것이다. 그리고 컵이나 그릇 등 목표지점 안에 넣을 수 있게 될 것이다.

절대 자녀가 준비가 되기 전 강제로 다음 단계로 넘어가지 말자. 자녀의 놀이는 부모의 인내가 가장 많이 필요하다. 이유는 앞쪽에서 설명한 것처럼 놀이는 자율성이 중요하기 때문이다.

종이를 이용한 뇌 기능 발달 놀이

● 종이 놀이3 ('깡충깡충' 징검다리 건너기 놀이)

징검다리는 '개울이나 물이 괸 곳에 돌이나 흙더미를 드문드문 놓아 만든 다리'라는 사전적 의미를 가진다. 종이로도 간단히 징검다리를 만들어줄 수 있다. 물론 개울이나 물에 만드는 것이 아니다. 거실 바닥에 여러 장의 종이를 띄엄띄엄 깔아두는 것만으로 쉽게 만들어줄 수 있다.

이 놀이는 생후 12개월 전후로 스스로 걷게 되는데 이 시기부터 할 수 있는 놀이다. 앞서 바닥에 종이를 깔아 징검다리를 만들었다. 그렇다면 이제는 자녀에게 시범을 보여준다. 종이 위에 사뿐사뿐 발걸음을 옮겨 첫 번째 종이부터 마지막 종이까지 밟고 지나간다. 다음은 자녀의 보폭에 맞는지 확인하고 넘어지지 않고 건널 수 있도록 옆에서 돕는다. 징검다리를 밟지 않고 건넌다고 욱하면 안 된다.

만 2세 정도 되면 의사소통이 슬슬 시작된다. 부모의 말을 이해하는 연령이 되었을 때는 하나, 둘, 셋을 세고 다음 칸으로 이동하도록 지도한다. 이렇게 반복적으로 하다 보면 수학적 개념도 자리 잡기 시작할 것이다.

● 종이 놀이4 ('오래오래' 종이 위에서 버티기 놀이)

어느 정도 수의 개념이 생긴 후부터 할 수 있는 놀이다. 이 놀이는 종이 한 장을 바닥에 놓고 정해진 시간 동안 버텨야 하기 때문이다. 인내심을 길러주는 놀이인데 처음 놀이를 할 때부터 버티는 시간을 길게 하면 자녀가 쉽게 지루해할 수 있다. 처음은 종이 위에서 차렷 자세로 1초를 버티면 다음 단계로 넘어간다. 그렇게 1초의 시간을 잘 버틴다고 판단되면 1초씩 늘려가는 것이다. 그리고 여기서 말하는 다음 단계란 종이의 범위를 줄여가는 것이다. 처음엔 A4용지 한 장 분량의 범위로 시작한다. 단계별로 종이를 반씩 접는다. 그래서 자녀가 버티지 못하면 다시 처음부터 시작한다. 놀이는 보통 5~15분 이내로 하는 것으로 한다. 하지만 자녀가 중간에 그만하고 싶다고 하면 다른 놀이 영역으로 바꾸면 된다.

놀이의 효과는 인내력, 판단력, 사고력, 집중력뿐만 아니라 중심을 잡을 수 있는 신체 기능의 향상이다.

● 종이 놀이5 ('찾아라!' 같은 모양의 종이 찾기 놀이)

이 놀이는 판단력이 발달하기 시작하는 만 2세 이상부터 가능한 놀이다. 시각과 사고력의 협응력을 키워주고 판단력과 집중력 등 인지 능력을 향상시킬 수 있는 놀이다.

부모의 손바닥 크기 정도의 모양을 준비해야 한다. A4용지나 신문지의 절반 부분을 접어 모양에 따라 가위로 오려낸다. 그럼 2개의 같은 모양을 한 종이가 조금 더 빠르고 쉽게 준비 된다. 모양은 최소 3개 이상을 만들어준다. 각 모양이 2개씩 만들어져 총 3쌍 이상이 되는 것이다. 모양을 만드는 것은 부모가 해야 하는 일이다. 2개씩 만들어진 모양 중 한 개씩은 한 줄로 놓아준다. 남은 모양들은 이리저리 위치를 바꿔준다. 그리고 자녀가 앞에 놓인 모양과 같은 것을 찾을 수 있도록 지도해줘야 한다. 자녀가 찾는 것이 느려 답답하더라도 스스로 할 수 있도록 기다려주고 격려해주어야 한다.

하임 샤피라는 러시아 출신의 수학 박사로 대학에서 심리학과 철학, 문학을 가르친다. 그는 자신의 책 『행복이란 무엇인가?』에서 완벽주의

자가 아닌 최적주의자가 되라고 말했다. 자녀의 놀이는 늘 완벽하다고 할 수 없다. 뇌가 발달하는 시기인 만큼 자녀에게 완벽함을 바라지 않아야 한다. 완벽을 추구하다 보면 자녀가 놀이 활동을 하는 동안 기다리기 힘들 것이다. 당신이 원하는 답이 나오지 않아 답답함을 느낄 것이기 때문이다. 따라서 자녀의 놀이는 시작하는 것만으로도 배우는 것이 있다고 생각해야 한다. 그때 자녀도 훨씬 자유롭게 놀이를 할 수 있게 될 것이다. 그리고 당신은 자녀의 성장에 보람을 느끼고 더 이상 답답함을 느끼지 않을 수 있다.

육아가 처음인 아빠에게 보내는 단단한 한마디

놀이는 기본적인 오감 외에도 위치감각, 전정감각이라는 것을 발달시키기도 한다. 그 외에도 부모의 틀 밖에서 놀이를 한다면 더 많은 뇌 발달을 이뤄낼 수 있을 것이다. 놀이를 관찰하거나 참여하는 부모는 자녀가 완벽하길 바라는 시간에 칭찬과 격려를 실천하도록 하자.

09

포스트잇으로 할 수 있는 놀이

기억을 증진시키는
가장 좋은 약은
감탄하는 것이다.

– 탈무드

언어 능력을 성장시키는 퀴즈 놀이

행복한 가정을 이루기 위해서는 가족 구성원 간의 관심과 사랑이 필요하다는 것은 반복해서 강조하고 있다. 그만큼 중요한 부분인 것이다. 이러한 감정을 나누기 위해서는 함께하는 시간을 많이 가져야 한다. 따라서 놀이를 통한 가족만의 즐거운 시간을 가지는 것은 행복을 위한 최고의 가치투자라고 할 수 있다.

네 아이의 아버지이자 작가이며 교육자인 볼프강 펠처는 자신의 책 『내 아이를 위한 부모의 작은 철학』에서 시간의 소중함을 구약 성경 시편에 나오는 "우리에게 우리의 나날을 세는 법을 가르치사 지혜의 마음을 얻게 하소서."라는 구절을 이용했다. 그는 이 구절을 이렇게 해석했다.

"이 말은 우리가 우리에게 주어진 시간이 많지 않음을 깨닫고 하루하루를 의식 있게 살아가다 보면 지혜의 마음을 얻게 된다는 뜻입니다."

또한 그는 이것을 터득한 사람은 물질적·경제적 풍요보다 자신의 내면세계의 풍요함이 더 중요하다는 것을 알게 된다고 말했다. 그리고 인생에는 일보다 중요한 것이 많다는 것을 깨닫는 사람은 아이에게 충분한 관심을 선사한다고 이야기했다.

자녀와 함께 놀이 활동을 한다면 자녀에게 더욱 관심을 가지게 될 것이다. 그리고 관심이 커진다면 사랑을 느낄 수 있을 것이다. 또한 사랑은 가족 모두에게 전해져 행복을 느끼게 될 것이다. 관심과 사랑은 늘 오고 가는 대화 속에서 싹이 튼다. 부모와 자녀의 대화는 자연스레 자녀의 언어 능력을 향상시킬 수밖에 없다.

이때 긍정의 에너지를 포함하고 있다면 더 긍정적인 효과가 나타날 것이다. 따라서 놀이 속에 긍정적 대화가 자녀 스스로 성장할 수 있는 큰 힘이 된다는 것을 기억하자. 그리고 부모가 해야 할 역할을 잊지 말자.

● 포스트잇 놀이1 ('한글—자음, 모음 맞히기' 포스트잇 퀴즈 놀이)

한글은 자음 열네 자, 모음 열 자로 구성되어 다양한 형태로 조합되어 사용된다. 이 포스트잇 퀴즈 놀이는 한글의 자음과 모음을 이용한 것이다.

먼저 포스트잇 24장에 각각 자음과 모음을 하나씩 써서 팀별로 자음 1set, 모음 1set 총 2set를 준비한다. 이때 자음과 모음은 순서 없이 써야 한다. 그리고 스마트폰에 내장된 타이머 기능을 이용하여 시간을 제한한다. 시간은 1분~1분 30초 내외로 하는 것이 좋다. 자칫 놀이가 지루해질 수 있기 때문이다. 제한 시간이 다 되면 팀을 바꿔야 한다. 연습 게임을 3번 정도 하면서 자녀가 놀이에 흥미를 가질 수 있도록 유도해준다. 이때 퀴즈 놀이의 규칙도 함께 인지할 수 있도록 돕는다. 4명 이상이 필요하고 2명 이상이 한 팀을 구성해서 진행하는 놀이다. 자녀의 친구들과 함께하거나 가족, 친지들과 함께할 수 있을 것이다. 부모와 자녀가 한 편인 경우가 교육상 더 좋다. 그리고 이 놀이는 포스트잇에 쓰인 자음이나 모음에 대해 말을 하지 않고 몸으로 해서 맞추는 놀이다. 정답을 맞힌 경우에는 설명자와 정답자가 자리를 바꿔 놀이를 이어간다. 이런 방식으로 반복하며 제한 시간 안에 많은 답을 맞히는 팀이 승리하게 된다. 답을 모르겠다면 "통과!"라고 외치고 다음 문제로 넘어갈 수 있다. 퀴즈 놀이에서 이긴 팀에게 상을 준다는 전제가 있다면 놀이 활동에 더 적극적으로 참여하는 동기부여가 될 것이다.

● 포스트잇 놀이2 ('낱말 맞히기' 포스트잇 퀴즈 놀이)

낱말 맞히기 놀이는 포스트잇 10장을 1set로 하여 총 5set를 준비한다. 낱말을 포스트잇에 쓸 때는 놀이 공간에 있는 사물을 위주로 써야 자녀가 설명이 막힐 때 도움이 된다. 눈으로 직접 보고 그 사물을 표현하도록 유도하는 것이다. 언어와 관련한 문제를 맞히는 놀이는 스스로 문제로 제시된 단어를 설명하며 상상력과 창의력을 발휘할 수 있다. 놀이 진행 방식은 '한글 맞히기'와 마찬가지로 팀 단위로 진행하게 된다. 이로 인해 언어 발달과 협동심도 동시에 기를 수 있다. 제한시간을 비롯한 나머지 규칙은 '한글 맞히기'놀이와 동일하다.

이 놀이 역시 언어 영역 외에 많은 영역에서 인지적 정서적 발달이 이뤄진다. 다른 놀이도 마찬가지지만 퀴즈 놀이를 할 때 역시 칭찬과 격려가 필요하다. 결과를 칭찬하고 격려하는 것이 아니다. 노력한 과정에 대해 "와! 문제를 다 맞혔구나. 그동안 열심히 한글공부를 했구나?!"라고 칭찬해보자.

신체 능력을 성장시키는 떨어뜨리기 놀이

신체 능력을 향상시킨다는 것은 결국 근육 발달을 돕는 것이라 말할 수 있겠다. 근육은 대근육과 소근육으로 구분해서 말할 수 있다. 손이나 팔을 이용하면 대근육을 발달시키는 것이다. 손가락으로 현악기를 연주하는 등 섬세한 작업을 하게 하는 것은 소근육 발달에 영향을 주기도 한다. 이는 포스트잇을 뗐다 붙였다 하는 과정에서 발달할 수도 있다.

● 포스트잇 놀이4 ('얼굴에서 포스트잇 떨어뜨리기' 놀이)

포스트잇은 크기와 모양이 다양하다. 놀이를 위한 포스트잇은 최대한 다양하게 준비한다. 자녀에게 다양한 경험을 선물하고 싶다면 말이다.

여러 종류의 포스트잇 중 크기가 큰 것 한 장과 작은 것 한 장을 부모의 얼굴에 붙인다. 자녀와 마주 앉아 시범을 보인다. 얼굴에 붙인 2장의 포스트잇을 근육을 상하좌우로 움직여 떼어내는 모습을 보여주는 것이다. 시범을 보인 뒤에는 자녀의 얼굴에도 포스트잇을 붙여준다. 이때 부모는 자녀가 손을 써서 떼어내도 "안 돼! 아니야." 등의 말을 해서는 안 된다. 오히려 손으로 떼어내면 "손으로 떼어낼 수도 있구나! 우리 이번엔 얼굴을 움직여서 떨어뜨려볼까?"와 비슷한 말로 칭찬과 격려를 아끼지 않아야 한다. 그리고 새로운 방법을 생각하도록 유도해주어야 한다. 몇 번의 연습을 통해 적절한 제한 시간을 정해놓는 것도 재미 요소를 더하는 방법이다. 이렇게 얼굴의 모든 근육을 사용하면 다양한 표정을 만들 수 있다. 응용도 가능하다. 포스트잇에 신체 부위별 이름을 써서 그에 맞는 곳에 붙인다면 각 부위 명칭을 익숙하게 하는 데 도움을 줄 수도 있다. 예를 들면 '코'라고 쓰고 '코'에 붙이는 것이다. 포스트잇에 적힌 단어를 붙일 때 읽어주고 떨어뜨렸을 때 "킁킁! 냄새 맡는 코에서 종이가 떨어졌다!"라는 식으로 말해주는 것도 언어 능력 향상에 도움이 될 수 있다.

● 포스트잇 놀이5 ('몸에 포스트잇 붙이기' 놀이)

얼굴에만 붙였던 포스트잇을 이제는 몸 전체로 범위를 넓힌다. 전신을 이용해야 하는 놀이이므로 더 많은 양의 포스트잇을 준비해야 한다. 이 놀이의 기본 방식은 얼굴에서 떼어 낼 때와 같다. 부모가 먼저 신체 부위 곳곳에 포스트잇을 붙이고 제한 시간을 정해서 놀이를 시작한다. 놀이 초반에는 한두 군데에 붙이는 것을 시작으로 점점 개수를 늘려나간다. 응용단계로 동요 '그대로 멈춰라.'에 맞춰 놀이를 진행한다면 더 흥겹게 할 수도 있을 것이다. 동요를 틀어놓고 "그대로 멈춰라!"라는 말이 나올 때 가사에 맞춰 동작을 멈추게 하면 인내력도 향상될 것이다.

포스트잇으로 놀이를 할 때 주의할 것이 있다. 놀이를 위해 사용하는 포스트잇의 접착부가 아무리 자극이 없다고 해도 민감한 아기 피부에는 자극이 될 수 있다. 자녀의 얼굴이나 다른 신체 부위에 포스트잇을 붙였을 때 자극이 되어 발진이나 두드러기 증상이 나타난다면 바로 중단해야 한다. 꼭 테스트 후에 사용하자.

자녀의 어휘력을 길러주려면 많은 단어들과 문장들을 들려주어야 한다. 퀴즈 놀이는 계속해서 문장들을 만들어내어 질문하고 설명하고 답한다. 이로써 정서적 · 인지적인 측면에서 좋은 영향을 끼친다. 퀴즈 놀이는 가능하다면 만 3세 이전에 자주 하는 것을 권장한다. 이런 시기에 자녀의 어휘력을 좌우하는 것이 단어 수라고 한다.

신체 발달은 자녀가 직접 무언가를 행동할 때 일어날 수 있는 일이다. 몸이나 얼굴에 붙은 포스트잇을 떼는 활동으로 대·소근육을 적절히 움직이며 발달하게 할 수도 있을 것이다.

육아가 처음인 아빠에게 보내는 단단한 한마디

퀴즈 놀이를 할 수 있는 정도의 연령이라면 이해력이 어느 정도 생겼을 것이다. 그래서 퀴즈 놀이를 하는 동안 보고 듣는 언어로 인해 어휘력 부분에서 성장하게 될 것이다. 그러니 긍정적 언어를 많이 사용하도록 하자. 또 포스트잇 떨어뜨리기 놀이의 경우는 근력과 인내심도 함께 성장시킬 수 있다.

10

책으로 할 수 있는 놀이

부모의 좋은 습관보다
더 좋은 어린이 교육은 없다.

- 슈와프

평생 책을 가까이하는 아이로 키우기

한 사람의 인생은 책 한 권이라는 말이 있다. 그만큼 책에는 작가들의 생각과 시대상황 등을 비롯한 많은 지식과 다양한 정보가 담겨 있다. 독서를 통해 창의적 활동을 할 때 영감을 주기도 한다. 또한 부모와 자녀 사이에서는 대화의 기회를 또 한 번 선물하는 것이다. 자녀가 새로운 단어를 접하려면 새로운 상황에 직면해야 한다. 하지만 그것이 여의치 않다면 책으로 대신할 수도 있다. 아무리 대화를 많이 한다고 해도 새로운 단어를 쓰지 않는다면 어휘력은 그 상태를 유지할 것이다. 이런 경우에 대화와 독서를 적절히 배합한다면 어휘력 향상에 도움이 될 것이다.

당신은 처음 만난 사람과 대화를 나눌 때 어색함을 느껴본 적이 있을 것이다. 그러나 지속적으로 만나면 어색함이 사라지고 편안함을 느낄 수 있게 된다. 이처럼 세상을 처음 마주하는 자녀도 마찬가지다. 따라서 책을 좋아하게 만드는 첫 번째 단계는 책과 친해지는 것이다. 책으로 하는 놀이 역시 연령별 발달 단계에 영향을 받는다. 그러므로 연령별 특징을 공부하고 놀이를 진행하자.

● 책 놀이1 ('책 도미노' 놀이)

자녀의 성장 발달을 위해 영유아용 도서 세트를 많이 살 것이다. 도서 세트는 보통 5권 이상의 책으로 구성되어 있다. 권수가 많은 세트의 경우 65권이 넘기도 한다. 이 많은 책들 중 자녀는 한 번 잡았던 책을 계속 잡을 가능성이 많다. 자주 보지 않는 책이 있어도 팔기 힘들 것이다. 대부분 중고로 판매를 하려고 해도 세트가 아니면 사는 사람이 많지 않을 것이기 때문이다. 그래서 자녀들이 자주 보는 책은 제외한 나머지 책으로 놀이를 할 수 있다.

책 도미노는 최소 2권만 있어도 놀이가 가능하다. 책의 한 쪽 모서리를 바닥에 대고 세워준다. 그다음 책의 넓은 면의 방향을 기준 삼아 다른 책도 똑같이 세워준다. 이때 간격은 5~10cm 정도면 충분하다. 시범을 보이기 위해 자녀가 다른 쪽에 관심을 가지는 타이밍을 이용해 책을 세운다. 그다음 자녀의 시선을 끌어준다. 흥미를 유도하여 관심을 보인다면 책 도미노를 쓰러지는 모습을 보여준다. 자녀가 관심을 가지고 함께 하기 위해 다가온다면 책을 세우는 모습부터 다시 한 번 보여준다. 항상 놀이 속에서 어휘력을 높이기 위해 단어, 문장 등을 사용하여 일어나는 일들을 말로 표현하게 하자. 도미노 놀이는 실수로 책을 건드려 쓰러질 수 있다. 이로써 실패, 좌절이라는 감정을 느끼게 될 수도 있다. 이런 경우 부모가 자녀의 감정 조절을 돕고 쓰러진 책을 다시 세우면서 실패해도 다시 일어설 수 있는 힘도 기를 수 있을 것이다.

● 책 놀이2 ('책 탑 쌓기' 놀이)

자녀가 즐겨보는 책을 꺼내서 한 군데로 모아둔다. 책을 한 권 눕혀놓고 그 위에 다른 책들을 차곡차곡 눕혀서 쌓아올리는 방식으로 놀이를 진행한다. 부모가 먼저 시범을 보여주고 자녀가 탑을 쌓아올릴 수 있도록 돕는다. 단순한 방식으로 진행되는 놀이라 자녀가 빨리 지루해할 수 있다. 자녀에게 대화를 시도하며 진행한다면 지루함을 쉽게 느끼지 않게 될 것이다.

놀이를 지속하기 위한 방법 중 하나는 기존 놀이 방식을 변형하는 것이다. 책으로 탑 쌓기 놀이에서도 방식을 변형시킬 수 있다. 기존 놀이 방식이 책을 눕혀놓기만 했다면 변형시킨 놀이 방식은 책을 세우는 방법도 더하는 것이다. 첫 책을 눕혀 놓았다면 두 번째, 세 번째 책은 건물의 기둥처럼 세워서 쌓고 그 위에 다시 눕혀서 탑을 쌓는 것이다. 또한 2권의 책을 대각선으로 기대어 쌓는 방법도 있을 것이다. 자녀의 연령과 신체 발달에 따라 놀이 방식은 다양한 방법으로 응용될 수 있다. 이렇게 놀이에서 응용하면 자녀의 상상력과 추리력, 집중력, 창의력 등 다방면의 뇌 기능을 향상시킬 수 있다. 탑이 무너지며 책이 자녀에게 떨어지면 다칠 수 있으니 책 탑을 쌓는 중에는 항상 주의하도록 하자.

● 책 놀이3 ('책 징검다리' 놀이)

책 징검다리 놀이는 여러 권의 책을 바닥에 일정 간격으로 한 줄로 놓는 것으로 시작한다. 이때 자녀의 보폭에 맞게 책 사이의 간격을 조정해야 한다. 걷기가 미숙한 자녀는 옆에서 손을 잡아주어 다른 책으로 넘어가도록 도와주는 것이 좋다. 미끄러져 넘어지는 사고가 일어나지 않도록 방지하는 것이다. 징검다리를 건널 때 적절한 의태어를 소리 내어 말해주는 것도 어휘력 발달에 도움을 준다. 예로는 '깡충', '폴짝' 등이다. 징검다리를 스스로 넘을 수 있다면 책 징검다리를 2줄로 만들고 부모와 자녀가 시합을 할 수도 있다. 가위, 바위, 보를 해서 한 칸씩 건너 징검다리 끝까지 먼저 가는 사람이 이긴다는 규칙을 적용한다면 말이다.

살아 있는 책을 만나게 하라

당신의 집에 책이 많다면 늘 책을 가까이 할 기회가 많을 것이다. 책장에 꽂혀 있는 책을 보고 그것을 꺼내서 손으로 만져보며 눈과 피부로 책을 느낄 수 있다. 책을 넘기고 물어보기도 하며 근육 발달과 종이의 맛을 본다. 책을 찢기도 하며 이때 나는 소리를 귀로 느낀다. 앞에서는 책을 감각 기관으로 느낄 수 있는 놀이를 소개했다. 자녀가 직접 책을 만지고 오감으로 책이라는 새로운 사물을 체험하게 되었을 것이다. 이제는 정서 적, 인지적 기능을 발달시키는 놀이를 소개하겠다.

당신은 어린 시절 펼쳐 보았던 동화책에서 삶의 지혜를 배웠다. 그리 고 당신의 자녀도 동화책에서 삶에 필요한 지식을 얻는다. 책 안에 쓰여 있는 몇 문장 속에 담긴 인사 하는 법, 부모님의 사랑, 거짓말은 나쁜 것 이라는 교훈 등이다. 이런 교훈들을 더 가슴 깊숙이 간직할 수 있는 것은 부모님이나 선생님이 소리를 내어 읽어주신 덕분이다.

읽는다는 것은 소리를 내는 것이고 소리를 낸다는 것은 감정을 전달할 수 있는 것이다. 우리가 영화나 드라마를 보며 감정이입이 되는 것과 같 다. 책을 읽을 때 사용하는 표정이나 말의 억양은 감정을 전달한다. 이것 은 내용에 감정이입을 시킬 수 있다는 말이 된다. 실제로 그런 감정을 느 끼게 만들 것이다. 그 상황을 내가 겪는 것처럼 느낄 수 있다는 말이다.

● 책 놀이4 ('구연동화' 놀이)

자녀를 위해 성장 발달에 맞춘 다양한 책을 구매했을 것이다. 그 책들 을 전부 읽어주더라도 자녀는 몇 권의 책만 마음에 들 가능성이 많다. 이

때 다른 책을 강요하기보다는 기존에 좋아하는 책을 더 재미있게 읽어주어야 한다. 강요한다면 책을 멀리하게 되는 계기를 만들어 주는 격이니 말이다.

동화구연은 단순한 책 읽기라고 볼 순 없다. 역할놀이, 극 놀이의 한 종류로 볼 수 있을 것이다. 부모가 동화를 읽어주는 동안 자녀는 동화 내용도 듣지만 그 상황에 대한 설명도 들을 수 있다. 들은 내용들을 상상하기도 하고 이해하려고 생각하기도 한다. 이 듣기 단계를 거친 자녀는 질문을 하기도 할 것이다. 이런 경우에는 조금 더 발전시킬 필요가 있다. 부모가 상황에 대해 설명하지 않고 자녀가 어떤 상황인지 설명할 수 있도록 유도하는 것이다. 자녀에게 생각하고 말하기를 유도하기 위해서는 이렇게 말할 수 있다. "양치기 소년이 늑대가 나타났다고 말을 했는데 사람들이 화를 냈어요. 왜 화를 냈을까요?" 또한 동화를 읽을 때에는 좀 더 감정을 실어 읽을 필요가 있다. 효과음을 소리 내도 좋다. 화를 내는 상황이라면 화난 표정을 지어도 좋다.

동화책 내용에 더 관심을 가지도록 하고 싶다면 인형이나 장난감을 이용하는 방법도 있다. 인형극을 하는 것처럼 말이다. 책 속의 주인공의 이름을 자녀의 이름과 바꿔도 자녀의 관심과 감정이입을 이끌어 내는 데 충분할 것이다.

구연동화는 어휘력 향상에 도움을 준다. 감정을 풍부하게 만들어주기도 한다. 책 내용에 대한 상상력을 키워주기도 한다. 선과 악을 판단하는 능력도 길러주며 성격과 습관 형성에도 도움을 줄 것이다. 동심이라고 말하는 어린 시절의 순수한 마음을 소유할 수도 있다. 어린 시절의 경험은 성장 후 겪는 일을 판단을 하는 데 밑거름이 되기도 한다.

자녀가 책을 가까이하며 살기 바란다면 명확한 발음과 목소리로 읽어주어야 한다. 많이 듣는 자녀는 읽기를 잘할 수 있다. 자신이 읽기에 자신감이 생긴다면 책을 자연스럽게 가까이 둘 것이다. 그리고 너무 조급한 마음을 가지고 어려운 책을 읽게 해서는 안 된다. 수준에 맞지 않은 책은 오히려 거부감이 들게 할 가능성이 많기 때문이다. 이는 당신이 논문이나 학술지 같은 어려운 용어들이 즐비한 글을 읽으면 두통에 시달리는 이유와 같다. 자녀가 독서에 어려움을 겪는다면 조금 낮은 수준의 책을 읽게 하도록 하자. 그것이 책을 더 가까이하게 하는 방법일 것이다.

나의 자녀는 5세, 4세, 3세의 어린 나이지만 책과 가까이 지낸다. 늘 책과 함께하는 부모의 모습을 보여주는 것도 좋은 본보기가 된다. 자녀가 꼭 책을 읽을 수 있는 나이가 아니라도 책을 낯설게 느끼지 않게 도와야 한다.

피아제, 비고스키 등 인지발달 관련 연구를 한 학자들은 여러 연구 결과를 내놓았다. 그 중 언어와 인지 능력은 서로 밀접한 관계로 영향을 준다고 한다. 그리고 풍부한 언어적 환경이 이를 발달시키는 중요한 역할을 한다고 한다. 따라서 부모는 자녀에게 끊임없이 대화를 시도해야 한다. 그리고 사소한 행동에도 자녀를 조금 더 좋은 방향으로 이끌 수 있는 말을 아끼지 않아야 한다. 자녀를 위한 당신의 말 한마디가 자녀의 미래를 결정할 수도 있다는 것이다. '아' 다르고 '어' 다르다는 말처럼 같은 상황에서 부정적 언행보다 긍정적인 것이 더 좋은 영향을 끼친다. 자녀가 당신보다 더 나은 삶을 살기 원한다면 당신 스스로 변해야 할 것이다.

육아가 처음인 아빠에게 보내는 단단한 한마디

독서 교육을 시작하기 전 필요한 것은 책을 친근하게 여겨야 하는 것이다. 책을 가까이 하는 자녀는 늘 책과 함께 하는 사람이 될 것이다. 저자들의 자녀들은 5세, 4세, 3세의 나이이다. 어린 나이지만 늘 책과 함께하는 부모의 모습을 통해서도 책이 익숙하게 되기도 할 것이다. 부모의 긍정적인 면에서의 솔선수범은 자녀에게 훌륭한 교보재임을 잊지 않도록 하자.

11

글 쓰는 재미를 키워주는 놀이

~~~~~~

우리가 해야 할 중요한 일은 먼 곳에 있는
희미한 것을 보는 일이 아니라 자기 가까이에
있는 명확한 것을 스스로 실천하는 일이다.

- 토마스 칼라일

문답 놀이로 시작하는 글쓰기

글쓰기는 종류가 여러 가지가 있다. 크게는 문학과 비문학으로 나뉜
다. 문학에는 시, 소설, 수필 등이 있으며 비문학에는 편지, 일기, 논설
문, 설명문 등이 있다.

논술이 입시에서 중요한 부분을 차지하게 된 요즘 글쓰기 능력 또한
중요해졌다. 글쓰기는 읽기, 쓰기 능력이 생겨나기 시작하면서부터 할
수 있을 것이다. 하지만 이 역시 강요한다고 재능이 향상되는 것이 아니
다. 부모는 자녀가 간단한 주제로 사고하며 글쓰기를 할 수 있도록 유도
해주어야 한다.

● 글쓰기 놀이1 ('무엇이든 물어보세요.' 문답 놀이)

놀이 준비물로 노트와 필기구를 준비한다. 수수께끼 문제를 내듯 부모가 미리 노트에 질문을 3개 정도 써놓는다. 자녀는 질문에 대한 답을 써내려간다. 이때 처음부터 질문을 너무 복잡하고 이해하기 어려운 문장을 사용하면 자녀는 쉽게 포기하게 될 것이다. 그래서 쉬운 문장으로 구성해야 한다. 예를 들면 '이름은? 나이는?'과 같은 문장 형태가 있겠다. 놀이를 반복하며 익숙해지면 '너의 이름은? 아빠의 이름은?' 이렇게 단계를 높이면 된다. 또한 질문의 개수도 점점 늘려갈 수 있다.

이 놀이는 만 5세부터 시작하는 것이 좋다. 이 연령의 자녀는 읽기와 쓰기에 흥미를 느껴 글쓰기의 기본 기술을 익힐 수 있다. 문장 형태와 이해력이 성인의 언어 형태와 유사하다. 또한 낱말에 대한 변별이 가능해지는 시기이기도 하다.

● 글쓰기 놀이2 ('궁금증 꼬리 물기' 문답 놀이)

만 7세가 되기까지 기초적인 문답 놀이를 반복하며 질문에 답하는 방법과 문장 이해력이 향상되었을 것이다. 지금부터 소개하는 놀이는 만 7세부터 할 수 있는 문답 놀이다.

처음 시작할 때 질문의 수는 한 개다. 자녀가 그 질문의 답을 쓰면 부모는 그 답에서 다시 질문을 만들어 낸다. 이렇게 질문의 답에서 새로운 질문이 생겨 꼬리에 꼬리를 무는 형식으로 진행한다. 첫 단계에서는 질문 3

개까지만 진행한다. 그리고 반복될수록 질문의 개수를 늘려나간다.

이 놀이는 글쓰기 실력 향상뿐만 아니라 다양한 인지 능력에서도 성장하는 모습을 보일 것이다. 일상에 대한 문답 놀이를 하며 글을 쓴 노트를 모아둔다면 자녀의 일상을 담은 일기가 될 수도 있다.

읽기와 쓰기가 가능하고 판단능력이 생기기 시작한 자녀를 둔 부모에게 한 가지 팁을 선물한다. 이 시기의 자녀들은 자기조절법을 이용해서 행동수정을 할 수 있다. 부모가 이 방법을 이해하고 실행해야 하는 것이다. 자녀의 잘못된 행동은 수정하고 바람직한 행동을 하게 만들 수 있을 것이다.

자기조절법은 2가지로 나뉜다. 자기관찰법과 자기계약법이다. 여기서 자기관찰법은 자녀 스스로 자신의 행동과 정서 등에 대해 관찰하고 기록하도록 하는 것이다. 이 방법을 이용하면 자녀의 잘못된 행동을 수정할 수 있게 된다. 자기계약법이란 부모와 자녀가 함께 협의한 내용으로 계약서를 작성하는 방법이다. 이 방법으로 작성된 약속이 잘 이행되면 보상을 해야 한다. 반대의 경우는 잘못을 스스로 깨닫도록 훈육하는 것이다.

모든 놀이는 절대 강압이 있어서는 안 된다고 계속해서 강조했다. 그러기 위해서 놀이는 일상과 같이 익숙해야 하고 쉽게 접할 수 있어야 한다. 부모는 늘 학습이 아니라는 점을 명심하고 놀이를 진행해야 한다. 자녀가 지속적으로 놀이에 대한 흥미를 가지도록 하려면 말이다.

일상을 담아내는 글쓰기

● 글쓰기 놀이3 ('따라 쓰기' 놀이)

베끼어 쓴다는 의미를 가진 '필사'가 있다. 평소 좋아하는 책이 있다면 그 책에 나오는 글을 따라 쓰는 것이다.

소설가이자 시인인 스티븐 테일러 골즈베리는 자신의 저서 『글쓰기 로드맵 101』에서 필사에 대해 이렇게 말했다.

"이런 방식의 기계적 학습은 마치 세포에 기억을 심기 위해 암호를 각인하는 것과 같이 기본적인 도움을 준다."

이것을 자녀에게 놀이로 만들어줄 수 있다. 자녀가 스스로 따라 쓰기에 재미를 붙이면 단순한 따라 쓰기를 넘어설 것이다.

자녀가 평소에 좋아하는 책이 한 권쯤 있을 것이다. 늘 그렇듯 부모가 처음부터 욕심을 내지 않아야 한다. 평소처럼 책을 한 번 읽게 하고 그 다음 내용을 그대로 옮겨 쓰게 하면 된다. 동화책에 나오는 한 단어라도 좋다. 놀이에 대한 흥미를 유발하여 단어의 개수를 늘려 가면 되는 것이다. 이 놀이가 즐거운 기분으로 반복해서 이뤄진다면 글에 대해 더 분석적으로 파고들 수도 있게 될 것이다. 띄어쓰기, 문장의 형태 등 글쓰기에 관련한 지식까지 습득할 수도 있을 것이라는 말이다. 따라 쓰는 것과 동시에 읽도록 지도한다면 읽기, 쓰기 능력까지 함께 발달할 수 있을 것이다.

● 글쓰기 놀이4 ('버킷리스트' 쓰기 놀이)

당신은 인생을 살면서 한 번쯤은 자신이 하고 싶은 것, 가지고 싶은 것에 대해 써본 적이 있을 것이다. 이것을 흔히 버킷리스트라고 말한다. 자신이 이루고자 하는 것에 대해 쓸 때는 이미 이루어진 미래의 모습을 상상하며 그 기분을 느낄 수 있기도 하다. 이 버킷리스트 쓰기 놀이는 행복하고 즐거운 마음으로 글쓰기를 할 수 있도록 하는 방법 중 하나다.

이 놀이는 단순하다. 질문만 몇 가지 써놓고 자녀에게 개수에 상관없이 적어보라고 하는 것이다. 질문은 이런 것들이 있을 수 있다. '내가 가지고 싶은 것은?', '내가 여행가고 싶은 곳은?', '내가 먹고 싶은 것은?', '나는 어떤 사람이 되고 싶은가?' 등이다. 이 질문에 대한 답을 작성하고 나서 하나씩 짚어가며 이유를 물어봐준다면 더 효과적이다. 자녀는 이유를 말하면서 소망이 이루어졌을 때의 감정을 느낄 수 있을 것이다. 놀이를 통해 긍정적 감정을 느낀 자녀는 스스로 생각날 때마다 버킷리스트를 채워가려고 할 것이다.

● 글쓰기 놀이5 ('감사일기' 쓰기 놀이)

이 놀이는 일상에서 쉽게 지나치는 감사한 순간들을 떠올려 글로 적는 방식이다. 온 가족이 함께 모여 놀이를 진행한다면 더 좋다. 서로에게 느꼈던 감사한 순간을 쓰는 것이다. 감사한 일 최소 3가지 이상을 쓰는 것을 놀이 규칙으로 정한다. 부모가 먼저 자녀에게 감사한 일을 한 가지를 쓰고 읽어준다. 이렇게 한다면 감사 일기를 쓰는 방법도 알려줄 수 있다. 그리고 자녀에게 감사함을 전할 수도 있다. 이런 긍정적인 분위기 속에서 놀이를 지속한다면 감사하는 습관이 형성될 것이다. 따라서 가족의 행복도 놀이의 즐거움과 함께 꾸준히 유지될 것이다.

JTBC에서 방영된 드라마 〈SKY캐슬〉에서는 자녀들이 부모들의 욕심 때문에 목숨까지 잃는다는 내용이 나온다. 마음껏 놀지도 못하고 여유롭게 여행도 다녀오지 못한다는 대사도 나온다. 조기 교육을 받는다고 사교육에 뛰어들어 순수함을 간직해야 할 어린 나이에 경쟁을 하게 된다. 경쟁사회에서 자녀가 어린 나이부터 괴로워하는 모습을 원하지 않는다면 부모가 먼저 노력해야 한다. 끊임없이 자녀의 행동에 대해 호기심을 가지고 공부를 해야 한다는 것이다. 그리고 공부를 강요하기보다는 사랑으로 자녀를 대해줘야 한다.

자녀의 교육이 중요한 것은 사실이다. 하지만 부모의 욕심을 채우기 위한 자녀 교육은 오히려 부작용을 낳을 수 있다. 자녀가 잘되기를 바란다면 부모는 육아에 대한 공부를 끊임없이 하며 방향을 잡아주어야 할 것이다. 이때 방향은 부모가 원하는 방향이 아니다. 자녀가 스스로 꿈을 꾸고 달려가는 방향인 것이다.

부모도 자녀를 양육하며 처음 겪는 일에 어떻게 대처해야 할지 모른다고 자녀 탓만 할 수는 없을 것이다. 부모인 당신도 모든 것을 처음 겪는 자녀와 같은 상황이라고 생각하자. 자녀와 함께 성장해가는 과정이라고 생각한다면 당신도 함께 노력하게 될 것이다. 자녀에게 부모의 꿈이 아닌 자신의 꿈을 향해 나아갈 수 있는 힘을 길러주자.

육아가 처음인 아빠에게 보내는 단단한 한마디

글쓰기는 논술이 중요해진 요즘 시대에 필요한 기술이 되었다. 따라서 글쓰기 능력에 대한 즐거움을 느낀다면 논술도 어렵지 않게 할 수 있을 것이다. 문답 놀이의 경우는 사고력을 함께 키워주며 생각할 수 있는 힘을 갖게 한다. 일상을 담아내거나 미래 계획을 쓰는 경우는 삶을 긍정적으로 살아갈 수 있게 할 것이다. 부모는 언제나 자녀 스스로 깨달음을 얻을 수 있도록 돕는 조력자가 되어야 한다.

4 장

행복한
가정을 위한
독박 육아
방지 프로젝트

01

나는 왜 아이를 낳았을까?

〰〰〰〰〰〰〰〰〰〰〰〰

당신이 할 수 있다고 믿든
할 수 없다고 믿든
믿는 대로 될 것이다.

– 헨리 포드

내가 해보니까 어떻게든 되더라

몸이나 마음이 지치고 힘들 때 포기하고 싶은 마음과 후회라는 감정이
나타날 것이다. 하지만 모든 시련은 축복이라는 말처럼 시련이 지나고
나면 행복이 찾아오는 이치는 불변하다. 영원히 행복하거나 불행하지 않
다는 말이다.

삼성전자 종합기술원 권오현 회장은 『초격차』라는 책에서 자신의 실패
담을 소개했다. 그중 한 가지는 학교 후배가 자신의 상사로 발령이 난 일
화다. 권오현 회장을 처음 그 소식을 듣고 이런 생각을 했다고 한다. '회
사가 나를 내보내려고 하는구나.' 하지만 그는 자신이 평소에 부하들에게

하는 말을 부하들에게 들으며 각오를 다졌다고 한다. 그 말은 바로 이것이었다.

"그런 일이 닥치더라도 개인이 아니라 회사를 위해 함께 일하자고 그렇게 말씀하시더니, 정작 본인에게 그런 일이 닥치니까 그만두시겠다는 겁니까? 그럼 다른 사람들과 다른 게 뭡니까?"

그에게 이 말이 자극제가 되어 다시 일어서고 지금의 자리까지 오르게 되었다. 그는 그 시간을 버티며 그 시련을 발판으로 삼아 다시 일어선 것이다.

어떤 사람이든지 좌절의 순간은 찾아온다. 하지만 좌절만 하고 있기에는 시간이 너무 아깝지 않은가? 생각보다 시간은 금방 지나간다. 우리가 인생을 살면서 얼마나 많은 쓴맛을 경험했는가? 정말 죽을 것 같이 힘든 순간이 와도 견뎌낸다면 결국에는 더 성장하게 된다. 시간이 흘러 잊어갈 즈음 그 힘들었던 시절을 회상하며 '그땐 그랬지.'라고 말할 수 있을 것이다.

직장 생활을 하거나 사업을 해도 어려움이 닥칠 때가 있다. 일이 너무 많아 사생활이 보장이 되지 않을 수도 있다. 또 직장 선·후배와의 관계에서도 문제가 생길 수도 있다. 하지만 당신은 일을 한다. 그 이유는 모두가 알고 있듯이 돈을 벌기 위한 목적에 있다.

인생에서도 마찬가지다. 사업 실패나 취업 실패 등 수많은 좌절의 순간이 도사리고 있다. 그렇게 넘어져도 우리는 다시 일어선다. 이유가 무엇일까? 실패를 통해 깨닫는 것이 있을 때 다시 일어설 힘이 생기기 때문이다. 하지만 무엇보다 삶의 목표가 있기 때문에 일어서게 되는 것이 아닐까 생각한다.

직장 생활에서의 희노애락을 그린 tvN의 드라마 〈미생〉에서 나오는 인물들은 꽤나 낙천적이다. 어떤 시련이 와도 꿋꿋하게 이겨내고 금방 훌훌 털어버린다. 직장 생활 중에 느끼는 회의감이 들지만 이겨낸다. 극 중 오상식 차장이라는 인물이 내적 갈등을 겪는 상황에서 막내아들과 통화하는 장면이 나온다. 그리고 웃으며 퇴근한다. 건강상의 문제나 가족과의 갈등도 소용없다. 진급을 못해도 돈을 벌기 위해서 참는 것이 아니다. 모두가 삶의 행복이라는 목표가 있기 때문에 이겨내는 것이다.

내 아이를 낳게 된 이유에 대해 스스로 질문할 때가 있을 것이다. 육아를 하면서 힘들 때면 말이다. 하지만 거의 모든 부모는 이런 생각이 들어도 금방 이겨낼 것이다. 자녀가 해맑게 웃는 모습을 보았다면 말이다. 부정적인 생각을 하게 하는 질문은 금세 잊어버리게 되는 것이다.

아무도 내 말을 듣고 웃어주지 않을 때가 있다. 이때 자녀가 있는 사람은 알 것이다. 자녀는 그저 순수하게 나를 향해 웃어준다. 그때 아빠 엄마는 마음에 쌓여 있던 벽이 허물어진다는 것을 느낀다. 그리고 다시 일어서게 되는 것이다.

목표가 있다면 어떤 일이든 일단 시작하자. 그러면 어떻게든 목표를 향해 가까워지게 되어 있다. 그것이 직장 생활이든 육아든 말이다. 그 목표에 다가가는데 육아는 결코 걸림돌이 되지 않는다. 어떻게든 할 수 있는 방법은 생긴다. 그러니까 해보기도 전에 지레짐작하여 두려워하지 않기 바란다.

미안해서 그래요

미안함의 의미는 사전에 '남에게 대하여 마음이 편치 못하고 부끄럽다.'라고 명시되어 있다. 그럼 육아를 하며 자녀에게 미안함을 느끼는 이유는 무엇일까? 부모가 스스로 세운 기준에 못 미치기 때문일 것이다. 자녀에게 더 좋은 것을 해주겠다는 마음을 가지고 있다면 더 그럴 것이다. 하지만 스스로 정한 기준을 마음의 짐으로 만들어서는 안 된다. 그럴 수 없다는 것은 잘 알지만 너무 깊이 미안한 감정에만 빠져 있어서는 안 된다는 말이다.

2005년 개봉한 영화 〈말아톤〉은 실화를 바탕으로 제작되었다. 영화에서는 '자신의 세계에 갇혀 지내는 것 같은 상태'라고도 하는 자폐증세가 있는 초원이가 나온다. 영화 초반에는 초원이 엄마인 경숙은 아들의 자폐증 진단으로 좌절감에 빠진다. 하지만 초원이가 정상인보다 달리기 능력이 뛰어나다는 것을 발견한다. 또 달릴 때만큼은 장애가 느껴지지 않음을 느낀다. 이후 좌절에서 벗어나 초원이의 마라톤 출전을 위한 훈련을 돕는다. 훈련 과정에서 시련이 오기도 한다. 하지만 '엄마는 위대하다.'라는 말처럼 모든 것을 이겨내고 훈련을 계속하고 대회에 출전시킨다.

만일 초원이 엄마가 좌절과 실의에 빠져 지내기만 했다면 이뤄낼 수 없는 일이다. 장애가 있는 부모들의 대부분은 미안한 마음을 항상 지니고 있을 것이다. 하지만 영화 속 초원이 엄마처럼 이겨내기도 할 것이다.

장애가 있는 친구들의 부모님을 만난 적이 있다. 그들은 자녀의 장애를 놓고 미안한 마음을 표현했다. 하지만 매일 좌절에 빠져 있지 않고 여느 가정처럼 행복한 모습이었다. 아마도 좌절하고 있다고 해서 해결될 일은 없다고 생각했기 때문일 것이다.

미안함이 생기는 것은 당연할 것이다. 하지만 이것은 부정적인 감정이기도 하다. 어떤 감정이든 완화하기 위해서는 의식적으로 변화에 노력을 기울여야 한다. 자녀가 선·후천적 건강 문제를 가지고 있다면 지칠 때가 많을 것이다. 그렇다 하더라도 앞서 말한 친구들의 가정처럼 생각의 변화만 있다면 행복하게 지낼 수 있다. 우리가 어찌할 수 없는 신의 영역이다. 그렇다면 우리가 할 수 있는 최선은 조금이라도 나은 방법을 실행하는 것이다.

거의 모든 부모가 육아를 하면서 힘들어한다. 특히 육아를 위해 들이는 시간이 많다면 더욱 그럴 것이다. 또는 사춘기와 같이 자녀에게 변화가 올 때도 마찬가지다. 부모는 변화를 받아들일 준비를 하고 있어야 한다. 미리 두려워하라는 말이 아니다. 변화가 오더라도 마음을 평안하게 유지할 수 있어야 한다는 말이다.

꼭 자녀의 문제가 아니라도 부부간의 문제로 인해 더 힘들어지는 경우가 있다. 부모가 서로의 육아 참여도를 비교하다 보면 싸움이 일어나는 경우도 있다. 따지지 않으면 그만이라고 생각하지만 직장 생활을 하며 받는 스트레스가 그런 경우를 만들기도 한다. 그리고 금전적 여유가 없다면 더욱 심해질 가능성이 많다. 마음의 여유까지 빼앗아가기 때문이다. 거의 대부분의 부부관계 문제는 금전적인 영향이 크다. 금전적 여유가 있다면 거의 모든 문제를 해결할 수 있기 때문이다. 하지만 금전적인 여유가 없어도 마음의 여유는 마인드만 바꾼다면 충분히 이룰 수 있을 것이다.

당신이 부모라면 더 나은 선택들을 위해 힘을 쏟아야 할 것이다. 가정의 행복을 원한다면 말이다. 어차피 고민해서 해결되지 않을 일이 생겼다면 그것에 대해 걱정하지 않는 편이 낫다. 단지 더 나은 방향으로 가기 위한 고민만 하면 된다.

혹여나 자녀에게 미안하다는 생각을 하게 된다면 어떻게 해야 할까? 답은 그 시간이 너무 오래가지 않도록 해야 한다는 것이다. 평생 미안함을 간직하며 살 수 있지만 의식적으로 더 나은 방향을 생각해야 한다. 그렇게 살아야 더 행복하게 지낼 수 있다는 말이다. 육아를 하며 마인드의 변화가 생기면 가정의 행복도 찾아온다는 점을 명심하기 바란다.

육아가 처음인 아빠에게 보내는 단단한 한마디

간혹 자녀 출산을 후회한다고 말하는 사람들이 있다. 하지만 자녀를 양육하며 힘든 순간이 지나면 그 말은 잠시 모습을 감춘다. 이처럼 인생에서는 시련이 오기도 하고 행복이 오기도 한다. 어떤 시련이 오더라도 당신에게 행복이 찾아오는 시간들이라고 생각하면 그 시련은 축복이라고 생각될 것이다.

02

왜 독박 육아를 하는가?

곤란이란
위대한 마음을
키워주는 유모이다.

– 브라이언트

어쩔 수 없이 독박 육아를 하게 된 당신에게

혼자 육아를 할 수밖에 없는 이유가 무엇일까? 이런 경우가 있을 것이
다. 외벌이 가정과 한 부모 가정의 경우다. 여기서 외벌이 가정은 부부
중 한 사람만 경제적 활동을 하는 가정을 말한다. 그리고 한 부모 가정은
부모 중 한 사람과 자녀로 구성된 가정을 말한다. 이러한 가정에서의 육
아는 문제가 있을 수 있다. 무조건 문제가 있다고 할 수는 없다. 하지만
그만큼 부모 모두가 육아하는 가정보다 더욱 관심을 가져야 한다.

금전적인 여유가 많다면 양육 간의 큰 문제가 되지 않을 수 있다. 하지
만 큰 문제라고 하면 자녀의 정서적 문제에 있다. 부모 중 한 명이 없다

면 자녀에 대한 주위 사람들과 또래에게 부정적 시선을 받을 수도 있다. 우리나라에서는 아직 인식이 열려 있지 않기 때문이다. 이것은 가족 형태의 문제라고 볼 수는 없다.

자녀를 양육하는 부모 중 한 사람을 친권자라고 한다. 이 친권자가 어릴수록 부모의 역할을 수행하는 데 어려움을 경험한다는 연구 결과도 있다. 이때 친권을 가진 부모의 나이가 꼭 최우선이 되는 것은 아니다. 나이가 어리다고 모두 그렇지는 않기 때문이다. 하지만 육아에 대한 지식이 부족해 권위적, 방임적 태도를 보일 수도 있다. 그런 상황일수록 민주적이고 이성적인 태도로 아이를 대해야 한다는 것이다.

외벌이 가정에서도 다르지 않다. 부모 중 한 사람이 독박 육아를 할 때 말이다. 어떤 이유에서든 독박 육아는 자녀에게 좋지 않은 영향을 미치는 것은 사실이다. 만일 대부분의 가정과 같이 엄마가 양육하는 가정이라면 아빠의 부재가 느껴질 수밖에 없을 것이다. 특히 출장이 잦은 직장 생활을 하는 경우 더욱 그렇다. 가정의 경제적인 문제를 해결하기 위해서는 불가피한 일이 많다. 하지만 그것을 핑계로 육아에 소홀하면 안 된다는 것을 명심하기 바란다.

외벌이 가정이든 한 부모 가정이든 어쩔 수 없이 독박 육아를 하는 경우에는 어떻게 해야 할까? 정옥분, 정순화 교수의 저서 『부모교육』에는 한 부모 가정의 자녀를 위한 이런 지침이 있다. 이 지침 중에는 외벌이 가정에서도 적용할 수 있는 것도 있다.

- 자녀와 함께 가족의 문제를 논의한다.
- 자녀에게 이혼할 것이라고 미리 말한다.
- 자녀는 양쪽 부모로부터 계속 사랑받을 것임을 확신시킨다.
- 이혼의 이유를 자녀의 수준에서 납득할 수 있도록 이야기한다.
- 이혼한 전 배우자에 대한 비난을 자제한다.
- 미래에 대해 긍정적인 태도와 신뢰감을 표현한다.
- 부모 가운데 누가 부양할 것인가에 대해 자녀에게 선택하게 하지 않는다.
- 자녀의 일상생활을 가급적 방해하지 않는다.
- 자녀가 자신의 느낌을 표현하도록 격려한다.
- 부정적인 감정도 표현하게 한다.
- 금전적인 문제나 부양에 따르는 문제, 상호 간의 방문 등에 대해 논쟁을 삼간다.
- 함께 생활하지 않는 부모나 확대가족의 가족원과 지속적으로 접촉하게 한다.

외벌이를 해도 육아에 대한 책임감을 가져야 한다는 것은 충분히 알 것이다. 그렇지 않으면 자녀 또한 힘들어진다는 것도 말이다. 부모가 충분한 상의를 통해서 각자의 역할을 정해놓는다면 자녀에게 해줄 수 있는 것이 늘어날 것이다.

독박 육아 방지법

영화 〈잃어버린 세계를 찾아서2 : 신비의 섬〉은 신비의 섬에 갇혀 사는 주인공의 할아버지를 구한다는 내용을 담았다. 신비의 섬에서 탈출하는 과정 속에서 할아버지가 주인공의 새 아빠 '행크'에게 이런 말을 한다.

"모든 문제엔 해결책이 있어."

이 말을 한다는 것은 해결책을 알고 있다는 말이 아니다. 해결할 수 있는 방법을 언제 어디서든 어떤 방법으로든 찾을 수 있다는 말이다. 생각을 조금만 바꿀 수 있다면 말이다. 어떠한 일을 할 때 우리는 두려움을 느끼기도 한다. 그 부정적인 감정들을 없애는 방법이 있다. 이 방법은 모든 성공한 사람들의 공통점이기도 하다. 그래서 아빠에게만 해당되는 것이 아니다. 부모라면 누구나 적용할 수 있을 것이다.

첫 번째, 감사한 마음을 가져야 한다. 육아를 하며 어쩔 수 없이 자녀에게 사랑을 쏟지 못하는 경우가 생긴다. 하지만 그 상황을 미안한 마음이 아닌 감사한 마음으로 받아들이자. 그래야 그 상황이 금방 지나가는 것이다. 일할 때 시간이 느리게 가는데 놀 때는 시간이 금방 지나가는 것과 비슷한 경우라고 생각하자. 미안함보다 감사함을 느껴야 한다는 것을 이해하기 쉬울 것이다.

두 번째 꿈을 가져라. 꿈이 없다면 힘의 원동력을 잃는 것이나 다름없다. 당신의 게으름이나 두려움을 이길 수 있는 꿈을 찾도록 하자. 육아를 하는 중에도 꿈은 충분히 꿀 수 있다. 자녀의 출산으로 잠시 접어두었던 꿈을 꺼내보자. 당신의 삶에 활력소가 되는 것은 언제나 꿈을 꿀 때라는 것을 잊지 말자.

세 번째 긍정의 확신을 가져라. 앞서 말한 2가지가 해결됐다면 이제 믿을 차례다. 자신이 스스로를 믿지 못하면 쉽게 다른 사람의 말에 무너질 수 있다. 확신이 있다는 것은 의심이 없다는 말과 같다. 자신이 하는 말과 행동에 확신이 있다면 항상 당당하고 행복할 수 있다.

부정적인 감정들은 사실 원시적 생존 본능에서 비롯된다고 심리학에서 말한다. 하지만 요즘 시대에서는 내가 만들어내는 마음 속 적을 만드는 것이라 할 수 있다. 어떠한 일을 하기 전에는 마음을 다잡는 것이 가장 먼저 할 일이다. 그렇지 않으면 감정적으로 쉽게 무너질 수 있기 때문이다.

육아를 하면서도 배움을 간과해서는 안 된다. 배움의 시작은 궁금증을 가질 때 시작된다고 한다. 그래서 자녀를 양육하며 늘 스스로에게 질문하고 답하는 습관을 들일 필요가 있다. 그리고 배운 것을 바탕으로 부모가 서로 상의할 수 있어야 하는 것이다. 혼자가 힘들다면 둘이 낫다. 둘이 힘들다면 열이 낫다. 부모가 서로 상의했는데도 해결책이 나오지 않으면 전문가의 도움을 받는 것도 필요하다. 조금 더 전문적으로 배우며 육아 관련 지식을 쌓는 데도 시간을 할애할 필요가 있다는 말이다. 그리고 배운 것을 삶에 적용시키며 살아야 하는 것이다.

부모는 양육을 하는 과정에서 가족구성원으로 역할을 분명히 하기도 한다. 직장 생활을 했다면 금방 알 수 있을 것이다. 역할 분담의 중요성을 말이다. 만일 당신의 역할을 모른다면 그 일을 어디서부터 어디까지 해야 하는지 명확하게 알지 못할 것이다. 성공적인 육아를 위해서는 부모가 서로 역할을 분명히 하는 것이 필요하다.

아빠의 역할은 자녀의 성역할 발달에서 큰 영향을 미친다는 연구 결과가 있다. 이 영향은 아들에게 더 큰 영향을 미친다. 그리고 아들이든 딸이든 자신의 성에 필요한 기본적인 능력을 학습한 자녀는 융통성 있는 성역할 발달이 이루어진다고 한다. 아빠는 엄마에 비해 자녀 양육에 참여도가 적은 편이지만 놀이 활동에는 더 많은 시간을 보낸다. 놀이의 질

또한 엄마보다 낫다는 연구 결과가 있다.

엄마로서의 역할은 애착에 관한 연구 결과에서 엄마가 주 양육자의 역할을 한다고 나타났다. 아무래도 태어나자마자 젖을 물리거나 안아주는 과정을 통해 애착이 생기기 때문일 것이다. 신체발달 측면에서는 자녀가 엄마와 떨어져 지내면 지체 현상을 보인다고 한다. 정서적인 면에서는 엄마 배 속에서부터 초기 애착이 형성되어 있기 때문에 엄마와 영양분만이 아니라 감정도 공유한다. 그리고 마지막으로 엄마와 신뢰감을 쌓은 자녀는 성장 과정에서도 인간관계에서도 신뢰감을 갖게 된다. 이 점을 유념하여 부모의 각자 역할을 정해야 한다. 역할을 분명히 정한 뒤 육아에 임해야 자녀에게 좋은 영향을 끼친다고 할 수 있는 것이다.

독박 육아를 하는 가정에서는 확신을 가지기 위해서라도 각자의 생각을 명확히 해야 한다. 또한 아빠, 엄마로서의 역할을 배우고 결정해서 충실히 이행해야 한다. 이것 말고도 한 가지가 더 있다. 바로 휴식이다.

심리학에서 휴식은 살아 있는 존재의 노여움, 불안, 공포 등의 원천에서 올 수 있는 각성이 없는, 낮은 긴장의 정서 상태라고 말한다. 휴식은 명상, 자율 훈련, 점진적 근육 이완을 통해 달성될 수 있다. 또 어떤 일에 대처하는 능력을 개선하는 데 도움이 된다. 이러한 이유로 인해 사람에게는 휴식이 필요한 것이다. 독박 육아 하는 배우자를 위해 휴식의 시간을 주어야 하는 이유가 여기에 있다. 마음이 편해져야 여유가 생긴다. 그래야 자녀에게 더 사랑을 베풀 수도 있는 것이다. 휴식의 한 방법으로 자녀가 잠이 든 시간에 명상을 해볼 것을 추천한다.

육아가 처음인 아빠에게 보내는 단단한 한마디

어쩔 수 없이 독박 육아를 하게 되더라도 책임감을 가져야 할 것이다. 하지만 한 부모 가정이 아니고 외벌이 가정이라면 부모로서의 역할을 충실히 이행해야 한다. 어떤 상황에서든 해결책은 반드시 존재하기 마련이다. 외벌이 가정일수록 부모의 역할을 모르겠다면 배움의 기회를 통해서라도 습득해야 한다. 자녀에게 온전한 사랑을 주고자 한다면 말이다.

03

내가 힘들면 아내도 힘들다

아내를 이유 없이 학대하지 말라.
하느님은 그녀의 눈물방울 수를
늘 헤아리고 계시다.

– 탈무드

워킹대디와 워킹맘 누가 더 힘든가?

워킹대디, 워킹맘 많이 들어봤을 것이다. 일하는 아빠, 엄마를 부르는 신조어이다. 최근에는 여성도 육아보다 직업적 성취에 비중을 더 많이 두면서 워킹맘이 증가하는 추세이다. 이는 출산율 저하의 원인이 되기도 한다. 2018년에는 가임기 여성 1명당 출산율이 0.98명으로 1명도 채 되지 않는 수치를 기록하기도 했다. 2019년에는 0.88명으로 점점 하락 추세이다.

물론 엄마들의 직장 생활만 출산율에 영향을 끼치는 것은 아닐 것이다. 가족의 형태도 대가족 형태에서 핵가족 또는 소가족 형태로 변화된 이유도 있다. 가족의 형태 변화는 자녀양육자의 부재현상을 촉진시키기 때문이다. 이를 보완하기 위해 보육시설이 있지만 만족스럽지는 않은 실정이다.

〈미생〉이라는 드라마에는 이런 대사가 나온다.

"워킹맘은 늘 죄인이지. 회사에서도 죄인, 어른들께도 죄인, 애들은 말할 것도 없고, 남편이 도와주지 않으면 불가능한 일이야. 일 계속할 거면 결혼하지 마."

우리나라 사회적 문제를 보여주는 대사라고 생각한다. 왜 자신의 꿈을 가지고 일을 하는 워킹맘들은 죄인이 되어야 할까?

남자든 여자든 육아를 하며 일을 하는 것은 분명 힘들다. 하지만 워킹맘들을 더 힘들게 하는 것은 사회적 시선과 반응이다. 그 시선들을 이겨내기 위해 워킹맘들은 워킹대디보다 더 눈물겨운 사투를 벌이게 되는 것이다. 그래서 남자와 여자 누가 더 힘든지는 논쟁거리가 되면 안 된다. 육아와 일을 병행하는 모든 사람이 힘든 것은 사실이기 때문이다.

자녀를 둔 부부가 하지 말아야 하는 말이 있다. 특히 외벌이 가정에서 말이다.

"당신이 뭐가 그렇게 힘들어?"

이 말은 누가 먼저 하든지 서로에게 상처만 남길 뿐이다. 집에서 육아를 하며 스트레스를 받는 사람이든 직장에서 스트레스를 받는 사람이든 말이다. 사람마다 힘든 기준이 다르다. 서로 다른 기준을 가지고 있는 사람이라는 것을 받아들여야 한다는 것이다. 두 사람이 힘든 상황 또한 다르다. 육아를 하면서도 직장 생활을 하면서도 힘든 점이 있다. 이 상황 또한 인정을 해줘야 하는 것이다.

왜 우리는 사랑의 온도를 높일 시간에 자신이 힘들다고 말하기 바쁠까? 부모는 서로 사랑해서 결혼을 하고 자녀를 맞이했다. 그런데 왜 힘들어하고 힘들다고 말하는 것일까? 마주보고 앉아 의논할 필요가 있다. 서로 이해하는 것은 혼자 할 수 없기 때문이다.

어떤 사람이든 자신이 제일 힘들다

미국의 교수였던 데일카네기는 자신의 저서 『카네기 인간관계론』에서 인간의 성격에 대해 이렇게 표현했다.

"실제로 인간의 성격이란 아무리 나쁜 짓을 하더라도 자기 자신은 제외하고 다른 모든 사람들을 비난하는 경향이 있다."

모든 사람은 자기 합리화를 하는 경향이 있다는 것이다. 이는 사람마다 삶을 통해 정해진 기준이 모두 다르기 때문이다. 우리가 누가 더 힘든지를 두고 싸우는 것도 마찬가지다. 각자 자신만의 기준으로 상대방을 이해하려 하기 때문에 벌어지는 갈등인 것이다.

당신은 배우자와 평소에 얼마나 많이 서로에 대해 이야기하는가? 아마도 일과 육아에 치여 지쳐 있는 시간이 더 많을 것이다. 이외에도 많은 이유로 대화하는 시간이 부족하다고 할 것이다. 하지만 서로 마음을 헤아릴 수 있는 방법은 다른 것이 없다. 서로의 이야기를 들어주고 진심어린 위로와 격려를 해주어야 한다는 것 외에는 말이다.

알고 있겠지만 남자도 자신을 이해해주길 바라는 때가 있다. 거의 모든 남자는 가정이 생기면 그만큼 책임감이 생긴다. 직장에서 받은 스트레스를 안고 있는데 누가 신경을 건들면 폭발하는 게 그 이유다. 대부분의 독박육아를 하는 여자들도 마찬가지다. 이 경우는 남편이나 자녀가 마음처럼 따라주지 않으면 서운하고 화가 폭발하게 된다. 이때 필요한 것이 서로를 향한 진심 어린 따뜻한 말 한마디가 아닐까 생각한다.

앞서 언급한 〈미생〉이라는 드라마에는 '선 차장'이라는 인물이 나온다. 그녀는 과로로 인해 출장을 가는 도중 쓰러져 병원에 입원했다. 그녀의 남편과 오상식이라는 인물과 대화하는 장면에 이런 대사가 있었다.

"자기를 지켜야 가정도 사랑할 수 있다고."

　워킹맘의 힘든 점을 그대로 그려 남자가 봐도 일부분 공감했을 것이다. 육아에 참여해본 적이 있다면 말이다.

　아내가 맞벌이하며 가계에 도움이 되길 바란다면 남편도 육아와 살림을 해야 한다. 당연하다고 생각하는가? 아니면 그 반대인가? 사실 아직도 이런 말을 들었을 때 불편해하는 남자들이 많다. 다른 건 몰라도 결혼생활에서 남녀가 개별적으로 생각해서 행동하는 것은 불편한 상황을 만든다. 항상 서로 상의해서 결정하고 해결해야 하는 것이다. 뜻이 맞지 않다면 뜻을 맞추어가야 한다.

　강연가이자 아트스피치앤커뮤니케이션 김미경 대표가 강연에서 이런 말을 했다.

　"꿈의 파트너끼리 결혼해야 한다. 꿈을 서로 키워주어야 한다."

　그렇다. 각자 가진 꿈을 안고 있던 사람들이 결혼을 한다. 그런데 결혼 후 맞이하는 현실적 문제로 인해 꿈을 접기도 한다. 결혼을 했다고 꿈을 접어야 하는 것일까?

주위를 둘러보면 행복한 모습의 가족을 찾아볼 수 있다. 그들은 가족 구성원들이 각자의 역할에 충실하다. 그리고 각각 원하는 목표가 있고 그것을 가족들과 상의하여 전진한다. 그런 행복한 가정에서는 힘든 것이 없을까? 그들도 사람인데 왜 없겠는가? 다만 그들은 행복을 위해 서로 상의하고 자신의 위치에서 할 수 있는 것에 최선을 다한다. 무엇을 포기해야 하는 상황이 오더라도 기꺼이 가족을 위해 감내하는 것이다. 그 선택이 더 좋은 결과를 낳기도 한다는 것을 그들은 알고 있을 것이다.

앞서 말한 김미경 대표는 같은 강의에서 청중에게 이렇게 말했다.

"세상에 부러워할 것이 하나도 없다. 인생은 받은 만큼 복이 아니라 처리하고 사는 능력만큼 복이다."

가족이 서로 힘들다고만 하고 해결할 생각을 하지 않는다면 어떨까? 아마도 집에 가면 숨이 턱까지 차올라 답답할 것이다. 해결되는 것이 없이 고민만 하니 말이다. 당신은 지금이라도 힘듦의 기준을 바꿔볼 필요가 있다. 더 행복한 가정을 만들고자 한다면 말이다. 고민을 가족과 함께 나누고 해결 방법을 모색한다면 더 행복한 가정이 될 수 있을 것이다.

아빠가 힘들면 엄마도 힘들다. 그리고 사랑스러운 아이도 힘들 것이다. 모두가 행복하기 위한다면 누가 더 힘든지 이야기하는 것을 멈추길 바란다. 모두가 힘든 상황을 맞이한다는 것을 명심하고 서로를 위하는 마음을 갖자. 그리고 따뜻한 말 한마디를 건네는 시간을 의식적으로라도 마련해보자. 말하는 당신까지 행복해질 테니 말이다.

육아가 처음인 아빠에게 보내는 단단한 한마디

거의 모든 사람은 자신이 처한 상황이 가장 힘들다고 한다. 하지만 그 힘듦의 기준은 각자 자신만의 기준으로 말하게 되는 경우가 많다. 부모가 서로 힘듦의 정도를 논쟁한다는 것은 무의미할 것이다. 서로의 입장에서 경험해보고 인정할 수 있게 된다면 말이다. 부부사이에서의 파트너십을 든든하게 유지하도록 하자. 더 행복한 가정을 꿈꾼다면.

04

아이는 부모의 모습에서 관계를 배운다

~~~

아이가 자기 집을 따뜻한 곳으로
알지 못한다면 그것은 부모의 잘못이며,
부모로서 부족함이 있다는 증거이다.

– 워싱턴 어빙

부모는 살아 있는 학교다

스펀지는 수분을 잘 흡수하는 것으로 알려져 있다. 당신이 양육하고 있는 자녀도 스펀지와 마찬가지로 흡수력이 뛰어나다는 것을 알고 있는가? 다른 말로 하면 부모인 당신의 말과 행동을 자녀가 그대로 받아들인다는 뜻이다. 당신은 지금부터라도 육아에 대한 공부를 소홀히 하지 말아야 할 것이다. 자녀와 초 근접한 거리에 있는 살아 있는 학교가 되어야 하기 때문이다.

맹자의 어머니가 자식을 위해 3번 이사했다는 뜻을 가진 '맹모삼천지교'라는 말이 있다. 이 말의 뜻은 인간의 성장에서 그 환경이 중요함을 말한다. 현대 사회에서도 자녀의 교육 문제로 이사를 하는 경우가 있다. 좋은 학군이 형성된 동네로 말이다. 하지만 그 전에 가정에서의 교육이 선행되어야 한다. 부모가 가정에서 자녀를 방임적 태도로 양육하는데 좋은 학군이 무슨 소용이란 말인가.

미국의 심리학자이자 철학자인 에이브러햄 매슬로우는 1943년 인간 욕구에 관한 '매슬로우의 인간 욕구 5단계 이론'을 제시했다. 이 이론은 모든 사람이 태어날 때 5가지 욕구를 가지고 있다고 했다. 또 이 5가지 욕구에는 우선순위가 있어 단계별 구분을 지을 수 있다고 했다. 이것은 동기부여 이론의 기초가 된다. 인간 욕구 5단계는 다음과 같다.

● 생리적 욕구 : 우리 생활의 가장 기본적인 요소가 포함된 단계이다.
– 예) 배고픈 아이에게 젖을 물려 욕구를 해소시킨다.

● 안전의 욕구 : 신체적, 감정적, 경제적 위험으로부터 보호받고 싶은 욕구이다.
– 예) '비행기가 추락하면 어쩌지?'라는 걱정을 다른 교통수단을 이용하는 것으로 해소한다.

● 사회적 욕구 : 어느 한 집단에 소속되고 싶은 욕구를 말한다.

– 예) 가정을 이루고 싶다는 욕구를 결혼과 임신으로 해소한다.

● 존경의 욕구 : 타인으로부터 주목과 인정, 존경을 받으려는 욕구를
나타낸다.

– 예) 청중 앞에서 연설을 하여 욕구를 충족시킨다.

● 자아실현의 욕구 : 모든 단계가 기본적으로 충족돼야만 이뤄질 수
있는 마지막 단계이다. 이 단계는 자기 발전을 이루고 자신의 잠재력을
끌어내어 극대화할 수 있는 것을 말한다.

– 예) 타인에게 동기부여를 해주는 동기부여가들이 대표적인 사례가
될 수 있다.

이 이론은 생리적 욕구부터 충족시키면 순차적으로 다음 단계로 발전
할 수 있다고 말한다. 충족시키지 못하면 하위 단계로 욕구가 이동한다.
부모의 역할 중 하나는 앞서 설명한 인간의 욕구 문제를 자녀가 스스로
해결할 수 있도록 돕는 것도 있다.

생리적인 욕구는 신생아 시절 젖을 물리는 것으로 충족시켜준다. 안전
에 대한 욕구는 부모로서 안전에 대한 판단력을 키워주며 해소할 수 있
도록 돕는다. 다음 단계인 사회적 욕구를 만족스럽게 이루기 위해 사회

성 발달에 힘써야 할 것이다. 그래야 자존감도 함께 높아지기 때문이다. 이런 욕구들이 충족되었을 때 다른 사람 앞에 당당히 설 수 있는 자아실현의 욕구까지 도달할 수 있을 것이다.

자녀가 처음 맞이하는 세상에서 기댈 곳은 부모밖에 없다. 그리고 대부분의 가정에서 자녀가 직·간접적으로 보고 배울 수 있는 사람은 부모이다. 스펀지같이 흡수력 좋은 자녀가 부모인 당신의 모습에서 세상을 배워나가도록 돕는 조력자가 되자.

모범적인 부부관계를 보여주어라

부모의 관계와 자녀의 정서는 상관관계가 있다는 여러 연구 결과가 있다. 따라서 자녀에게 정서적으로 안정된 환경을 만들어주어야 한다. 이는 가장 가깝게 지내는 부모가 해주어야 한다. 자녀는 부모와 함께 있을 때 가장 안정적으로 느낄 테니 말이다.

'부모의 좋은 습관보다 더 좋은 어린이 교육은 없다.'라는 슈와프의 명언이 있다. 따라서 자녀를 앞에 두고 싸우는 일은 만들면 안 된다. 물론 100% 그렇게 하지 못할 수는 있다. 그럼 자녀 앞에서 싸우게 된다면 이것만은 꼭 지키자. 당연한 말이지만 배우자에게 폭언이나 욕설을 하지 말자. 그리고 배우자를 위협하는 행동이나 폭력은 절대 해서는 안 된다.

만일 싸움이 일어났다면 상대방에 대한 애정도 함께 보여주어야 교육이
될 수 있다.

"당신이 얼마나 힘들지 알겠어요. 하지만 나도 이런 것 때문에 힘이 들
어요. 우리 서로 배려할 수 있는 방법을 같이 찾아볼까요?"

이처럼 혹시라도 싸움이 시작되었다면 먼저 화를 가라앉히자. 그리고
애정을 함께 보여주는 말을 주고받자.

미국의 대통령이었던 에이브러햄 링컨은 '누구도 본인의 동의 없이 남
을 지배할 만큼 훌륭하지는 않다.'고 말했다. 자녀를 지배 대상으로 생각
하면 안 된다는 말이다. 부모가 자녀의 삶에 대해 사사건건 지적한다면
스스로 할 수 있는 힘을 잃어버리게 된다. 이런 자녀들이 성인이 되고 나
서도 부모에게 의지할 가능성이 많다. 마마보이나 파파걸처럼 말이다.

부모가 웃으며 마주 보고 이야기만 해도 자녀는 좋은 영향을 받는다.
자녀와 같은 눈높이에서 눈을 맞추며 대화하는 것도 큰 효과가 있다. 대
화를 하면서 짓는 표정이나 행동으로 상대의 감정을 읽는 연습을 할 수
있기 때문이다. 여러 연구를 통해 밝혀진 바로는 표정, 행동은 비언어적
정보라고 말한다. 이것을 통해 자녀는 대화할 때 자신의 감정이나 행동

을 조절할 수 있게 된다. 또 타인을 배려할 수도 있게 된다.

이제껏 힘들었던 육아가 희미하게 잊혀져가고 자녀가 성인이 되었을 때 효도하는 자녀들을 원하는가? 그럼 당신이 먼저 솔선수범하자. 부모님께 먼저 안부를 묻는 연락을 해라. 그러면 자녀는 부모님과 떨어져 살아도 전화 통화를 하며 삶의 희노애락을 나눌 수 있다는 것을 보고 느낄 것이다. 육아뿐만 아니라 인생에서 갖추어야 할 것 중 하나가 습관이다. 평소 부모님을 자주 찾아뵙지 못하는 상황인가? 그렇다면 전화를 해서 안부를 묻는 습관을 들이도록 하자. 처음에는 할 말이 없어도 자꾸 하다 보면 늘어나게 된다. 당신의 자녀가 성인이 된 후 힘들고 지친 날에도 전화할 수 있다는 것을 몸소 보여주라는 것이다. 전화로나마 힘이 되어 주고 싶다면 말이다.

남을 돕는 모습을 보여주어라. 자녀에게 타인을 돕는 방법을 교육하려면 직접 봉사 현장에서 타인을 도와주자. 몸소 체험하며 느끼는 것이 자녀에게 강렬하게 남을 것이다. 도움을 주는 것에 대한 뿌듯함을 느낄 것이다. 또 자신이 누군가에게 필요하다는 생각이 들어 자기효능감이 높아질 것이다. 이는 자존감 형성에 도움이 된다는 것이기도 하다.

꿈이 있다면 그 목표에 다다르기 위한 노력도 꾸준히 하는 모습을 보여주어라. 육아로 인해 바쁜 삶 속에서 당신의 길을 열심히 갈고닦는 것도 자녀에게는 좋은 교보재가 될 것이다. 부모인 당신도 자녀가 탄생하기 전에는 '나'였다. 따라서 '나'답게 사는 방법에 대해 육아 외의 시간을 쏟도록 하자. 육아로 인해 자신의 꿈이 소멸되면 삶의 의미를 자녀에게 둘 수밖에 없다. 그렇게 되면 미래에 대한 확신이 점점 줄어들 것이다.

자녀가 성장 후 품을 떠났을 때에는 공허함과 허망함으로 마음이 허전해져서 심리 불안정 현상이 나타날 수도 있다. 우울증, 무기력증 등과 같은 부정적인 감정 말이다. 그러니 꿈을 꿀 수 있는 상황이 아니라는 핑계를 만들 시간에 책을 펼쳐 한 문장이라도 읽자. 시간이 없다면 시간을 만들려고 노력하자. 당신이 하는 모든 행위는 그것을 지켜보는 자녀에게 삶의 가르침이 될 테니 말이다.

모든 부모는 서로 한 가지 공통된 목적을 두고 자녀를 가르치는 학교와 같다. 학교에도 방학이 있듯이 육아에도 방학이 있어야 한다. 그 시간이 단 1시간이 되어도 꼭 필요하다. 가끔 우울, 무기력, 체력 저하와 같은 부정적인 요소가 생긴다면 방학을 갖자. 여행을 하든지 취미 생활을 즐기든지 머리를 식히고 오라는 것이다.

독박 육아를 할 때 특히 스트레스가 심할 것이다. 부모도 인간이다. 기본적인 욕구를 충족시킬 때 비로소 다음 단계로 발전할 수 있는 것이다. 이때 배우자가 독박 육아를 하고 있다면 반드시 스트레스를 해소할 시간을 마련해주어야 한다. 결국 육아 스트레스가 풀려야 자녀를 양육하는 데 이로운 점이 더 많으니 말이다.

육아가 처음인 아빠에게 보내는 단단한 한마디

동기부여 이론의 기초가 되는 매슬로우의 인간 욕구 5단계 이론에서 단계별 욕구 충족을 이뤄내야 한다. 어린 자녀의 욕구는 부모를 통해서 충족이 되어야만 한다. 그렇지 않으면 욕구를 충족하기 위해 정서적으로 불안정한 모습을 보일 수 있기 때문이다. 부모의 좋은 습관은 어린 자녀에게 살아있는 교보재이며 학교가 될 것이다.

05

부부를 위한 최고의 육아법

~~~~~~~~~~~~~~~~~~~~~~~~~~~~~~~~~~~

내 자식들이 해주기 바라는 것과
똑같이 네 부모에게 행하라.

– 소크라테스

우리 아이는 어떤 기질을 가지고 있는가

당신이 축구, 농구, 야구 세 가지 중 한 가지를 배우려고 하는 상황이
다. 이때 무작정 3가지 다 할 수 없다는 가정을 하자. 쉽게 어느 한 가지
를 결정하기 힘들 것이다. 어떤 것을 내가 잘할 수 있는지 모르는 상태기
때문이다.

이를 해결하려면 각각의 운동 방법, 규칙 등 다양한 정보를 얻어야 할
것이다. 육아도 마찬가지다. 당신의 자녀의 성격을 먼저 알아야 어떻게
양육할 것인지 알 수 있을 것이다.

미국의 심리학자 알렉산더 토머스와 스텔라 체스는 아이에게 9가지 기질이 있다는 연구 결과를 발표했다. 이 연구에서 말하는 9가지는 다음과 같다.

● 접근성과 후퇴성 : 익숙하지 않은 상황에서 자녀가 보이는 초기 반응이다. 여기서 말하는 익숙하지 않은 상황은 새로운 경험을 맞이하는 경우다.
– 예) 새로운 사람을 만났을 때 그 상황을 즐기느냐 피하느냐를 볼 수 있다.

● 적응도 : 접근성/후퇴성과 비슷하지만 자녀의 평소 생활, 기대, 장소, 생각의 변화에 대한 장기적 반응과 관계이다.
– 예) 문화센터에 갔을 때 빨리 적응하고 즐기느냐, 적응에 오랜 시간이 걸리느냐로 판단할 수 있다.

● 격렬함 : 자녀가 평소 감정을 표현할 때 사용하는 에너지 량을 말한다.
– 예) 기분이 좋거나 나쁠 때이다. 자녀가 감정을 표출하지만 읽기 힘들거나 반대로 강하게 반응하는 것이다.

● 기분 : 행복, 짜증 등 자녀가 평소에 느끼는 일반적인 긍정적 · 부정적 기분이다.

 – 예) 긍정적인 아이는 부모를 보기만 해도 행복해한다. 반면 부정적인 아이는 아무 이유 없이 칭얼대기도 한다.

● 활동 수준 : 자녀가 하루 종일 쏟는 에너지 량을 말한다.

 – 예) 자동차 카시트에 얌전히 앉아 있다면 활동성이 낮은 아이이며, 잠시도 가만히 있지 않으면 활동성이 높은 아이이다.

● 규칙성 : 생리 현상을 해결하는 시간이나 양 등 매일의 예측 가능 정도를 말한다. 예를 들면 배고픔, 기저귀에 용변 보는 것 등이 있다.

 – 예) 매일 같은 시간에 배고파하는 아이가 있고, 식사 시간이 일정하지 않은 아이가 있다.

● 민감성 : 고통, 소음, 기후 변화, 냄새, 질감, 감정 등에 대한 민감성이다.

 – 예) 둔한 아이는 예민한 아이에 비해 비교적 안정적인 감정을 보인다. 하지만 예민한 아이는 외부로부터 오는 자극에 쉽게 반응한다.

● 집중력 : 자녀가 집중하는 정도를 말한다.

– 예) 흥분했을 때 달래기 힘들다면 집중을 잘하는 아이일 가능성이 많다. 반대로 흥분하면 쉽게 달래지는 아이는 집중도가 낮은 아이일 가능성이 많다.

● 끈기 : 집중력과 비슷하지만 초기 반응을 넘어서 장애물을 극복하고자 노력하는 정도를 말하는 것이다.

– 예) 새로운 놀이에 대한 방법을 배우는 과정을 즐기는 아이는 끈기가 있는 아이이다. 이 과정에 별로 관심이 없다면 끈기 없는 아이일 확률이 높다.

앞의 9가지 기질에 대해 이해하는 것은 자녀를 이해하는 밑거름이 된다. 그리고 육아의 방향성을 알게 되고 결국 자녀의 삶을 변화시킬 수 있다.

9가지 기질을 보고 '우리 아이가 끈기 없는 아이네, 어쩌지?' 등과 같은 고민을 할 수 있다. 하지만 너무 걱정하지 않기 바란다. 기질이란 성격의 한 부분이다. 충분히 교육을 통해 변화될 수 있다는 말이다. 하지만 아이를 변화시키기 위해서는 스트레스가 동반될 것이다. 차라리 부모가 자녀의 기질에 맞춰 양육방식을 개선하는 것도 좋은 방안이 될 수 있다. 부모에게는 항상 인내와 변화가 필요하다는 사실을 잊지 말자.

서로의 지원군이 되어라

기질에 대해 알게 되었다면 부모의 육아 가치관을 정립해야 한다. 그래야 부족한 부분을 채워가며 양육할 수 있기 때문이다. 다시 말하지만 육아를 한 명만 해서는 자녀를 변화시키는 데 오랜 시간이 걸릴 수 있다. 그 이유는 자녀의 시점에서 비교할 대상이 보이지 않기 때문이다. 비교 대상이 없다는 것은 오롯이 양육자의 말과 행동에서 옳고 그름의 판단 기준을 세워야 한다는 말이기도 하다. 그래서 새로운 사람을 만났을 때 같은 행동에 대해 다시 판단해야 한다. 그런 과정에서 자녀는 정서 · 사회 · 인지적 측면에서 혼란을 일으킬 수 있다.

우리나라 속담 중에는 '아이 하나를 키우려면 온 마을이 필요하다.'라는 말이 있다. 그만큼 혼자서 자녀를 키우는 것은 정신적으로나 육체적으로 힘든 일이다. 이러한 이유로 육아는 부모가 함께해야 하는 것이기도 하다.

현대 사회에서는 조금 더 수월하게 육아를 하기 위해 육아 하는 부모들이 모여 '육아 품앗이'라는 것을 만들기도 했다. 간단히 설명하면 먼저 자녀를 둔 부모들이 모임을 만든다. 그 다음 일정 기간에 다른 부모에게 아이를 맡기고 잠시의 휴가를 받게 되는 것이다. 이 시간을 이용해 데이트를 즐길 수도 있다. 또는 개인적인 취미 생활도 가능하다.

부모는 서로 협동해야 하는 파트너다. 따라서 매일 대화를 통해 의견을 나눠야 한다. 육아를 하는 부모라면 더 그렇다. 시시때때로 변화하는 자녀의 행동에 따라 육아 방식을 꾸준히 개선해야 하기 때문이다. 육아에서의 목표 또는 가치관을 정할 때는 이 점을 명심해야 한다. 자녀는 부모가 원하는 대로 움직일 수 있는 인형이 아니라는 것과 인격이 있는 한 사람이라는 것이다. 그리고 이 세상은 온통 자녀의 호기심을 해결해줄 놀이터이자 배움터라는 것을 이해하고 있어야 한다.

자녀 양육에 신경을 쓰며 육아에 매진하다 보면 부모 자신만의 시간이 줄어든다. 취미 활동도 줄여야 하고 계획했던 공부나 꿈을 향해 매진해야 하는 시간도 줄여야 한다. 그리고 부부 관계도 소원해질 가능성도 있다. 부부 단 둘만의 시간이 줄어들기 때문이다. 육아를 하면서 체력도 많이 소모되므로 자칫 잘못하면 건강상의 문제도 생길 수 있다. 하지만 이 모든 것을 극복할 수 있는 것 또한 육아이다.

자녀를 양육하며 아이들이 외적으로나 내적으로 성장하는 모습을 본다면 성취감을 느낄 것이다. 그리고 자녀 양육을 통해 자존감이 높아질 수 있다. 삶에 대해 더욱 자신감이 생기며 미래 계획에 대해 새로운 시선으로 바라볼 수 있는 기회가 열릴 것이다. 무엇보다 사랑하는 당신의 자녀를 보고 있으면 웃을 일도 많아질 것이다. 또한 부모가 공통적인 관심사가 육아가 되며 대화하는 횟수도 늘어날 것이다. 그래서 부부관계의 밀도가 높아질 수 있다.

시간은 활용하는 사람이 마음대로 조정할 수 있다. 육아와 꿈을 향한 밑거름을 만드는 일에 동시에 매진할 수도 있는 것이다. 틈새 시간 활용을 유용하게 하면 하루하루 즐겁게 시간을 보낼 수 있을 것이다. 이 경우에 주의할 점이 있다. 육아를 하는 데 조급함이 있어선 안 된다는 것이다. 조급한 마음으로 어떤 일을 하면 금방 불타오르다가 쉽게 열정의 불이 꺼지기도 한다. 또 자녀에게 욱하는 경우가 발생할 수 있으니 주의하자. 육아를 하는 데 마인드, 시간, 체력 관리는 필수 요소이다.

육아가 처음인 아빠에게 보내는 단단한 한마디

알렉산더 토머스와 스텔라 체스의 연구를 통해 알려진 9가지 기질에 대한 내용이 있다. 자녀의 양육 방법을 선택하기 위해서는 기질을 바탕으로 하는 것이 좋다. 이때 부모가 함께 서로 다른 시각으로 자녀의 기질을 파악하는 것이 필요하다. 그래야 좀 더 객관적으로 자녀를 인정하며 당신의 가정에 맞는 육아법을 정할 수 있게 될 것이다.

06

육아에도 원칙이 있다

아이들을 가르친다는 것은 어떠한 것인가.
그것은 백지에 무엇을 그리는 것과 같은 것이다.

– 탈무드

육아 원칙이 필요한 이유

원칙의 사전적 의미는 '어떤 행동이나 이론 따위에서 일관되게 지켜야
하는 기본적인 규칙이나 법칙'이다. 나라, 정부, 교육기관이나 회사 등을
비롯한 모든 기관에는 원칙이 있다. 심지어 음식을 판매하는 식당에서도
원칙이 있는 것이다.

결혼을 하면 하나의 회사를 설립하는 것과 같다. 누구나 자신의 인생
에서는 결정을 스스로 내리는 CEO나 마찬가지인 것이다. 그럼 아무것도
모르는 상태에서 회사를 이끌어갈 수 있을까? 그 회사는 아마 발전하지
못할 가능성이 많다. 회사에 비전이 있는 것처럼 당신의 가정이 성장하

도록 육아에도 이것이 필요하다. 당신의 가정의 미래를 계획하는 데 기꺼이 시간을 할애하도록 하자.

우리가 해야 할 일을 미루는 이유는 명확한 계획을 세우지 않기 때문이다. 특히 기한이 없다면 무기한으로 미루게 되는 것이다. 이것을 해결하기 위해서는 기한을 정해야 한다. 기한을 설정했을 때 일을 미루는 비율이 그렇지 않을 때보다 낮아졌다는 연구 결과도 있다. 학자들은 이를 데드라인 효과라고 정의하기도 했다.

육아에는 기한이 없다고 생각하기 쉽다. 그래서 육아에 대한 공부를 미뤄둘 가능성이 많다. 예를 들어 부모가 자녀의 행동을 못마땅하게 생각될 때가 있을 것이다. 자녀의 잘못된 행동에 대해 '왜 저럴까?' 하는 생각을 하며 그냥 지나치는 실수를 저지르기도 한다. 자녀의 행동이 이해되지 않은 상태에서 원인을 찾아보지 않는 것이다. 이것은 계속 반복되는 문제를 그대로 방치하는 것과 같다. 이후 문제가 산처럼 쌓이면 후회하며 심각성을 느끼고 알아보려 한다. 하지만 그때는 이미 늦었다. 육아에도 성장 발달 단계라는 월령별, 연령별 데드라인이 있기 때문이다. 혹시 어떻게 공부해야 할지 모른다면 전문가의 도움을 받는 것도 권장한다. 새로운 배움은 늘 내 아이와 나를 위해 좋은 일이기 때문이다.

많은 회사들은 비전을 가지고 있다. 비전을 정하는 이유가 무엇일까?

바로 방향성을 제시하고 올바른 결정을 내리는 데 도움이 되기 때문이다. 따라서 당신의 가정을 하나의 회사로 생각하고 비전을 명확히 해야 한다. 그래야 양육에 대한 방향성이 생기고 육아를 할 때 판단이 필요한 상황에서 올바른 결정을 할 수 있게 된다.

가정 내에서 비전을 정할 때는 부모의 기질을 서로 잘 파악하는 게 우선이다. 그다음 자녀의 기질을 확인한다. 이렇게 가족 구성원의 기질을 파악한 후 우리 가정에 맞는 것을 선택해야 한다. 몸에 맞지 않는 옷을 입으면 불편하듯이 내가 잘할 수 있는 방법을 정해야 지속적으로 실행할 수 있는 것이다.

청소년기 자녀를 두었다면 더욱 당신의 꿈을 명확하게 지니고 있어야 한다. 이 시기에 자녀는 역할모델이 되어주는 가족, 친구와 같은 주변 지인, 사회적 경험에 따라 진로를 정하기도 한다. 가정환경이 가난하다고 꿈을 작게 꾼다면 잠재력이 무한한 자녀의 미래를 작은 울타리 안에 가두는 것과 마찬가지다.

나는 어떤 부모인가?

자녀를 양육하는 동안 '나는 어떤 부모인가?'에 대해 생각해본 적 있는가? 자녀의 정체성을 찾아주기 전 부모 자신도 정체성을 명확하게 할 필요가 있다. 이것 역시 자녀를 덜 혼란스럽게 하기 위함이다. 그리고 자녀를 이해하기 위함이다. 부모는 자녀를 이해하는 과정을 통해 자신의 양육 방식을 다잡고 자신이 '어떤 부모인가?'에 대한 질문에 답할 수 있어야 한다.

1960년대 미국의 심리학자이자 아동발달 전문가 다이애나 바움린드는 양육 형태 연구를 실시했다. 이 연구를 통해 4가지 양육 방식을 제안했다. 양육 방식에 대한 내용을 살펴보자.

● 권위적 유형 : 애정과 통제를 모두 갖추고 자녀를 사랑하고 후원하며 자녀의 의견이나 생각을 경청하나, 필요할 경우 엄격히 통제하여 성숙함을 형성하도록 돕는다.

‑ 자녀의 특성 : 높은 자존감과 감성지능, 자기조절능력, 인내심을 가지고 있다. 또한 사회적 책임감과 사회성이 강하다. 마지막으로 매우 독립적인 모습을 보인다.

● 권위주의적(독재적) 유형 : 자녀에 대한 통제와 요구 수준이 높으나 권위적 유형의 부모와는 달리 자녀가 자신과 다른 의견이나 신념을 갖는 것을 허용하지 않는다.

‑ 자녀의 특성 : 두려워하는 마음이 크고 걱정이 많다. 사회적 관계에서 불안감을 나타내고 다른 아이들과 비교해 더 우울하고 스트레스에 취

약하다. 그러다 보니 자연히 목표지향성이 약하며, 작은 일에도 화를 내거나 공격성을 드러내는 일이 많다. 또 어떤 아이는 이러한 공격성을 수동적으로 남의 눈에 띄지 않는 방식으로 나타낸다.

● 허용적 유형 : 비교적 온정적이고 비지배적이며 자녀에게 벌을 주는 경우가 거의 없다. 많은 사람들이 가장 바람직한 양육스타일로 오해하는 유형이기도 하다.
– 자녀의 특성 : 대체로 충동적, 인내심 결여, 반항적인 모습을 나타낸다. 의존적이고 과도한 요구를 하는 경우가 많다. 낯선 환경에 적응도와 사회적 책임감이 낮다.

● 방임적 유형 : 자녀를 양육하는 데 관심이 적으며 자녀에 대한 애정과 관심도 부족하다. 이 경우 가장 심각한 발달적 문제를 야기할 수 있다.
– 자녀의 특성 : 대표적으로 반사회적 성향을 나타낸다. 세상에 대한 불신이 강하다. 청소년기로 갈수록 비행 경향도 높아지며 사회인지적 각종 수행 능력도 떨어지는 모습을 보인다.

앞의 설명을 보면 알 수 있듯이 자녀에 대한 애정과 통제 정도로 구분되어 있다. 4가지 중 가장 좋은 유형은 애정도와 통제력이 높은 권위적 유형이다. 그러면 이제는 자신이 어떤 유형의 부모인지 당신의 자녀는 어떤 유형인지 판단해보자. 그리고 당신의 가정에 어울리는 양육방식의 유형을 현명하게 선택하기 바란다.

부모가 어떤 부모가 되어야 할지 고민하는 사이에 자녀도 끊임없이 성장하고 있다. 이때 자녀는 '어떤 아들 혹은 딸이 될지'에 대한 문제가 아니라 '나는 누구인가?'에 대해 생각하게 된다. 이것을 교육학에서는 '자아 개념'이라고 한다. 흔히 알고 있는 자존감, 정체성 등을 포함하는 큰 범위의 개념이라고 보면 된다. 이런 개념이 형성되기까지 영향을 주는 요소들이 있다. 자기 신체에 대한 의식, 부모의 양육 방식, 학교와 교사, 또래 집단 이 4가지이다. 이것들은 서로 상호작용을 하기도 하지만 반대작용을 하기도 한다. 따라서 끊임없는 부모의 관심과 부모 이외의 요소들에 대한 고민, 협의, 조율이 필요한 것이다.

때로는 인생은 마라톤이라고 표현한다. 골인 지점이 보이지 않지만 쉬지 않고 달리면 결국에는 골인 지점을 통과하게 된다. 마라톤을 해본 사람은 알 것이다. 달리는 도중 더 이상 안 되겠다고 생각하는 지점이 생긴다. 아마추어 선수들의 경우는 완주를 포기하는 경우도 있다. 하지만 프로 선수들은 큰 부상이 아니면 포기하지 않는다. 대회 참가가 목표라면 도중에 포기하기 쉽겠지만 완주가 목표로 정해진 사람은 다리에 쥐가 나면 천천히 걸어서라도 골인 지점까지 도달하려 할 것이다.

삶의 목표와 비전을 정하는 과정에서 부모의 정체성을 찾을 수 있게 될 것이다. 더불어 자기효능감까지 생기게 된다. 예를 들어 당신이 다니고 싶은 회사를 정했다고 하자. 입사 시험을 보기 전에 그 회사의 비전을 찾아본 적이 있을 것이다. 그리고 그 비전에 대해 내가 어떤 역할을 할 수 있는지 고민했을 것이다. 이러한 경험으로도 목표와 비전은 정체성을 찾아 준다는 사실을 깨닫게 되었을 것이다.

대부분의 사람은 다른 사람에 대해 판단할 때 성품을 보고 가정교육을 제대로 받았는지 여부를 판단할 때가 있다. 그 이유를 사주에 근거하여 사람의 길흉화복을 알아보는 학문이라는 의미를 가진 명리학에서는 이렇게 설명한다.

"인간은 혼자 존재할 수 없기 때문에 사람을 판단할 때 그 사람의 주변을 함께 봐야 한다."

여기서 '한 사람'은 자녀가 될 것이고 '그 사람의 주변'은 부모나 친구를 말한다. 부모의 자녀 교육은 한 사람을 세상에 속하게 할 때 빼놓을 수 없는 중요한 일이라는 것을 의미한다.

부모는 참으로 어려운 직업이다. 몸도 마음도 고단하기 때문이고 신경 써야 할 것이 너무 많기 때문이다. 또 어느 동물보다 오랫동안 양육에 힘 써야 한다. 하지만 당신이 책임감을 느끼고 당신의 가정을 하나의 회사 라고 생각하면 실행력과 인내심이 생겨날 것이다. 그리고 양육 방식에 대해 꾸준히 고민하고 개선해가야 한다. 이에 따라 자녀의 성장뿐만 아 니라 부모도 함께 성장할 수 있기 때문이다. 당신의 가정이 늘 성장하여 가족 공동의 목표를 이루어가기 바란다.

육아가 처음인 아빠에게 보내는 단단한 한마디

결혼과 동시에 하나의 회사가 설립된다. 당신의 가정이라는 회사이다. 사업 을 하는 것과 같이 비전을 정하고 방향이 생긴다면 보다 더 육아에서 오는 성 취감이 클 것이다. 양육 형태 연구 결과에서 나온 네 가지 양육 방식 중 하나를 정하도록 하자. 이것을 지키는 부모가 되겠다는 원칙을 매일 생각하며 육아 하 도록 하자.

07

독박 육아는 아이를 망친다

아이를 혼자 있게 해서 벌을 주는 대신 우리 자신의 욕구,
진짜 자신의 모습을 발견하기 위해 잠깐이라도 휴식을 취하라.
자신에게 줄 수 있어야 자녀에게도 줄 수 있다.

– 체리 후버

독박 육아 스트레스, 풀어야 산다

옛날에는 이웃 간의 소통이 잘 되었다. 옆집에서 아이가 다치면 온 마을 사람이 다 알고 있을 정도였다. 어르신들의 말에 의하면 온 마을 사람들이 마을의 아이들을 다 키웠다고 할 정도라고 한다. 그렇게 하지 않더라도 온 가족이 육아에 동참할 수 있었다. 그 시절에는 가정 형태가 대가족 형태이어서 온 가족이 한 집에 모여 살았기 때문이다. 그러나 현대사회에서는 그런 일은 드물다. 가정 형태는 핵가족, 소가족화 되었고 이웃이 소통을 하는 경우는 거의 없어졌기 때문이다. 그래서 요즘 부모가 더 힘들지도 모르겠다. 대부분의 가정이 부모인 두 사람만 경제 활동과 육아를 동시에 해야 하기 때문이다.

현대 사회에서 독박 육아를 하는 부모는 스트레스가 심하다고 한다. 신생아기일 때 더욱 그렇다. 신생아기에는 아이를 데리고 밖에 나가기 쉽지 않기 때문이다. 혹여나 외출을 한다고 해도 대부분의 엄마는 출산 전과 달라진 몸 상태에 우울함을 맛보기도 한다. 집에서 자녀를 양육하며 살림을 해보지 않은 사람은 결코 알지 못할 것이다. 예를 들어 당신이 게임을 하고 싶은데 전기가 끊겨 하지 못하는 경우가 있을 수 있다. 또 외출을 하려는데 입고 나갈 옷이 세탁기에서 돌아가고 있는 경우도 그렇다. 하지만 독박 육아 스트레스에 비하면 아무 것도 아니라고 생각할 것이다.

독박 육아가 불가피한 가정이라면 어떻게든 부정적 감정을 해소해야 한다. 많은 심리학자들의 연구 결과를 통해 좋은 감정을 느끼게 하는 신경전달물질들이 발견됐다. 그 물질들을 일상생활에서 분비하고 나쁜 감정을 느끼게 하는 물질을 감소시키는 방법인 것이다. 심리학 박사인 류쉬안은 자신의 책 『심리학이 이렇게 쓸모 있을 줄이야』에서 부정적인 감정을 이기는 방법 5가지를 소개했다.

첫 번째, 저자가 가장 오래 효과가 지속된다고 생각하는 '운동'이다. 유산소 운동과 고강도 운동을 병행하면 다양한 신경전달물질을 생성하고 뇌세포를 회복시키기까지 한단다.

두 번째, 부정적 감정이 생기려는 순간 '바른 자세'로 앉는 것이다. 자신감 있는 모습을 취하면 자신감이 생긴다. 이를 체화된 인지 현상이라고 말한다. 이 방법은 뇌를 속이는 방법이다.

세 번째, 많은 사람이 알고 있는 '일광욕'이다. 비타민D 합성을 일으키며 세로토닌이라는 긍정적인 감정을 유도하는 물질을 생성한다고 한다.

네 번째, 찬물로 샤워하는 '냉수욕'이다. 찬물로 샤워하기 힘든 사람은 샤워 막바지에 들어서 냉수마찰을 해도 좋다. 심혈관 질환이 있다면 수온을 천천히 낮춰 마무리하면 된다. 냉수욕은 거의 모두가 알고 있는 엔도르핀이라는 긍정 물질을 발생시킨다고 한다.

다섯 번째, 대뇌의 거의 모든 부분을 활성화시키는 '음악 감상'이다. 차분한 멜로디의 음악을 들으면 흥분이 가라앉는다. 반대로 빠른 비트의 음악을 들으면 흥이 오르는 것을 느껴본 적 있을 것이다.

이런 5가지 방법을 습관으로 만든다면 부정적인 생각을 충분히 이겨낼 수 있을 것이다.

독박 육아가 자녀에게 미치는 영향

부모의 스트레스는 혼란애착 형성과도 관련이 있다. 그리고 만성적인 스트레스는 더 큰 영향을 미친다. 제대로 된 부모 역할을 스트레스로 인해 수행하지 못한다면 어떻게 될까?

한 연구 결과에서는 이런 부모의 경우 자녀의 인지적, 정서적 불안정을 초래하고 이후 행동에서 문제가 발생할 가능성도 있다고 한다.

심리학에서는 감정 전염이란 말이 있다. 이는 무의식적으로 다른 사람의 감정에 동화되는 현상을 말한다. 특히 부정적 감정이 긍정적인 것보다 전염이 빨리 된다. 그 이유는 앞에서도 언급했지만 사람의 생존 본능에 의한 작용이다. 과거에는 안전문제나 의식주 해결 같은 원시적 위협이 있었다. 그래서 호랑이에게 잡아먹힐까 봐 밤새 불안에 떨었다고 한다. 하지만 현대 사회에서는 다른 문제에 의해 생존 본능이 사라지지 않고 그대로인 것이다. 그래서 자녀를 양육하는 동안에도 긍정의 힘이 필요하다. 사람은 부정적 생각에 빠지면 쉽게 헤어 나오지 못한다고 한다. 의식적으로 나쁜 감정을 제거해야 한다는 말이기도 하다.

독박 육아를 하며 스트레스를 받는 경우는 어떤 때일까? 바로 자녀가 당신의 생각처럼 따라 주지 않을 때이다. 사람들은 자신과 생각이 같지 않으면 거부 반응을 일으킨다. 이것으로 인해 스트레스를 받게 되는 것이다. 앞서 말했지만 가족 구성 형태가 핵가족, 소가족화되었다. 그래서 육아 관련 스트레스를 마음껏 해소하지 못하는 상황에 이르렀다. 더군다나 독박 육아를 하면 더 그런 상황이 될 수 있다.

한국과학기자협회에서 발표한 내용이 있다. 일본과학기술진흥기구 JST에서 육아 스트레스를 평가하는 방법을 개발했다고 한다. 그리고 계속해서 더 발전시키려는 연구도 이루어지고 있다고 한다. 반면 이렇게 설명하기도 한다. 육아 환경의 변화는 양육자의 정신건강에 문제를 일으킬 가능성이 높다고 말했다. 이와 관련해 양육자가 우울증 등에 빠질 경우에 자녀에게 미치는 영향에 대해 이렇게 설명했다.

"폭언이나 정서적 학대, 성적대상화, 신체적 폭행 등 신체적·정신적으로 아이를 학대하는 상황으로 이어질 수 있다. 결국 인구 감소 문제를 해결하기 위해선 이처럼 양육자의 정신건강에 대한 대응이 우선되어야 하는 실정이다. 양육자에겐 정신건강 상태가 무엇보다 중요하다. 기분저하, 무력감 등으로 우울증 등을 앓게 되면 아이를 학대하는 최악의 상황까지 치닫게 된다."

독박 육아가 무조건 아이를 망친다고는 할 수 없다. 하지만 독박 육아를 통한 스트레스가 발생된다는 것은 문제가 될 수 있다. 독박 육아를 어쩔 수 없이 하는 가정이라면 스트레스를 해소할 수 있는 방법을 찾아야 한다.

스트레스가 과도하게 쌓이면 자녀뿐만 아니라 혼자 육아를 하는 부모에게도 악영향을 끼친다. 스트레스 말고도 자존감이 떨어지거나 우울증이 발생시키는 이유가 된다. 그럼 부모들은 어떻게 자신을 지켜야 할까? 어떻게 해야 우울함을 느끼지 않고 자존감을 유지할 수 있을까?

윤홍균 정신건강의학과 의원 윤홍균 원장은 자신의 저서인 『자존감 수업』에서 자존감의 정의에 대해 이렇게 말했다.

"자존감의 가장 기본적인 정의는 '자신을 어떻게 평가하는가'다. 곧 자신을 높게 평가하는지 또는 낮게 평가하는지에 대한 레벨을 의미한다."

자존감은 자신이 자신을 평가하는 것이다. 그러면 자존감을 올리는 것은 누구겠는가? 바로 나 자신이다. 누군가가 옆에서 격려와 응원으로 도와줄 수는 있다. 하지만 결국 평가는 자신이 하는 것이고 레벨을 높이는 것도 나의 몫이다. 그러니 항상 자존감을 올릴 수 있는 방법을 습관화해 보자.

사실 독박 육아를 하며 스트레스를 전혀 받을 수는 없다. 하지만 여러 가지 방법을 동원해 스트레스를 해소하거나 완화할 수 있다. 앞으로 소개할 내용은 누구나 알고 있는 방법이다. 하지만 독박 육아 간의 쉽게 할 수 없는 것이기도 하다. 앞서 『심리학이 이렇게 쓸모 있을 줄이야』에서 나오는 심리학적 근거가 있는 5가지 방법을 소개했다. 참고하여 습관으로 만들기를 바란다. 습관화를 위해서는 틈새 시간을 만들어야 한다. 자녀가 자는 시간이나 어린이집 또는 학교에 가는 시간 등을 이용할 수 있겠다.

만약 당신이 경제 활동을 한다면 독박 육아를 하는 배우자에게 감사한 마음을 가져야 한다. 그리고 사랑이 담긴 따뜻한 말 한마디와 틈새 시간 이외의 시간을 만들어주는 지원 사격도 중요하다는 것을 잊지 말자. 부디 이 책을 통해 독박 육아 스트레스를 덜어내어 조금 더 행복한 가정이 되었으면 한다.

육아가 처음인 아빠에게 보내는 단단한 한마디

독박 육아가 위험한 가장 큰 이유는 부모의 스트레스다. 스트레스는 만병의 근원이기도 하지만 육아에 있어서는 자녀의 혼란애착 형성에 영향을 미친다. 감정은 보이지 않는 에너지로 전염이 되기 때문이다. 독박 육아가 불가피 하다면 스트레스 관리에 대한 대책이 필요하다. 사실 스트레스 받기 전에 부모가 서로 시간을 조율하고 역할 분담을 하는 것이 더 좋은 방법이다.

08

세상 가장 쉬운 육아법

~~~~~~~~~~~~~~~~~~~~~~~~~~~~~~~~

자식과 약속을 했다면, 그 약속은 반드시 지켜야 한다.
만약 약속을 지키지 않는다면 아이들에게
거짓말을 가르치고 있는 셈이다.

- 탈무드

가장 어렵지만 가장 쉬운 방법

육아법은 다양하다고 앞에서 말했다. 그중 가장 기본이 되는 육아법 '솔선수범 육아법'을 잊지 않기 바란다. 그것을 잊으면 모든 육아법이 소용없기 때문이다. 항상 모든 일에는 기초가 중요하다는 사실을 간과하지 말자.

당신이 자녀에게 꿈을 가지라고 말하고 싶은가? 그렇다면 꿈을 꾸고 이루는 모습을 보여줄 필요가 있다. 그 모습을 본 자녀에게 자신의 미래에 대해 한 번이라도 더 생각할 수 있게 하는 동기부여가 된다. 100번의 말보다 한 번의 행동이 낫듯이 말로만 해서는 잔소리밖에 되지 않는다.

당신이 꿈을 꾸고 이뤄나가며 실패했던 경험이 있다면 자녀에게 들려주어라. 세상 어떤 자기계발서보다 좋은 교훈을 줄 수도 있다.

한 사람은 한 권의 책이라는 말이 있다. 어떤 사람이든 삶의 희노애락을 겪으며 많은 실패와 성공을 경험하지 않는가? 그러한 경험을 바탕으로 깨닫게 된 것과 노하우가 생겼을 것이다. 그것을 자녀에게도 전수하라는 것이다. 글로 남겨도 되고 책을 써도 된다. 그리고 영상편지를 미리 제작해 자녀가 힘들어할 때 보여줄 수도 있을 것이다.

유대인들이 힘을 합쳐 펴낸 『탈무드』가 있다. 이 책에는 삶의 전반적인 부분에서 선조 유대인들이 깨달은 지혜를 이야기로 풀어 담아냈다. 그리고 유대인들은 전통적으로 『탈무드』로 자녀 교육을 하기도 한다. 물론 자녀 교육 이전에 충분한 대화를 통해 유대감을 형성해야 한다. 그래야 대화가 잘 이어질 가능성이 많기 때문이다.

부모는 자녀를 양육하는 과정에서도 자신의 인생을 포기해서는 안 된다. 자녀에게만 매달리는 모습을 보여줄 수도 있기 때문이다. 그리고 자녀가 너무 부모에게 의존적인 태도를 보일 수도 있기 때문이다. 이러한 태도를 보이는 것은 부모가 자신과 모든 순간 함께할 거라고 생각하기 때문일 것이다. 어려운 순간에 혼자 해결할 수 있는 능력이 저하되는 것이다. 그러니 자녀를 위한다면 부모 자신의 삶을 포기하면서까지 자녀와 함께하지는 말자.

자녀는 부모를 자신과 동일시한다고 한다. 특히 엄마에게 말이다. 그래서 아빠보다 엄마가 중요한 역할을 하는 것은 사실이다. 하지만 아빠도 그 역할이 있다. 대부분 알고 있을 내용이지만 명확한 사실이라 한 번 더 짚고 넘어가겠다. 아빠의 역할 중 가장 큰 것이 놀이이다. 놀이를 통해 사회를 배우고 방법을 배운다. 그리고 자신의 정체성을 찾아나가기도 한다. 특히 자녀와의 놀이 중 역할놀이가 정체성 형성과 사회성에 가장 큰 영향을 끼친다. 여러 놀이 상황을 통해 소통하는 방법을 배우기도 한다. 그리고 의사표현을 하면서 자녀는 자신이 무엇을 좋아하고 싫어하는지 판단할 수 있게 된다. 여기서도 솔선수범 육아법은 힘을 발휘한다. 아빠가 이 상황에서 이런 방법으로 해결한다는 것을 말과 행동으로 보여주어야 하기 때문이다. 실제로는 그렇게 해결하지 않아도 해결하는 척이라도 하는 것이 좋다. 그런 과정에서 아빠 역시 변화될 가능성이 생길 것이기 때문이다.

　거울은 사물을 비추어볼 수 있다. 또 사전에서는 모범이나 교훈이 될 만한 것이라고 정의한다. 일반적으로 우리가 보는 거울은 앞에 선 대상에 대해 있는 그대로 비춘다. 이와 마찬가지로 육아하는 부모와 자녀는 서로 거울이 된다. 자녀라는 거울 앞에 선 부모는 모범적인 대상이 되어야 한다. 이때 중요한 것이 있다. 부모라는 거울은 자녀의 감정을 있는 그대로 이해해야 한다는 것이다.

거울은 빛을 이용하는 물건이다. 물속에 대상을 넣고 보았을 때 물에 의해 빛의 굴절이 생긴다. 그래서 대상이 흔들리거나 모양이 실제와 다르게 보이는 현상을 볼 수 있다. 이와 마찬가지로 자녀의 감정을 제대로 비추지 못한다면 공감을 하기 어려울 것이다. 자녀가 공감을 받지 못한 상태에서는 부모의 말을 잔소리로 여기는 일이 발생된다. 그리고 이를 반복하면 자녀가 자아정체성 혼란까지 겪을 수 있다.

자녀가 갑자기 울음을 터뜨린다면 아이들의 방식으로 감정을 표현한 것이다. 그런데 왜 우는지 알려고 하지도 않고 울음만 그치게 만들면 자녀는 감정표현을 억압받은 것이 된다. 또 장난감을 사달라고 떼를 쓰는데 혼내기만 하면 더 크게 떼를 쓴다.

자녀는 자신의 감정을 어떻게 표현해야 할지 배워가는 단계를 거친다. 성인도 새로운 상황 앞에서 배우는 단계를 거치는 것처럼 말이다. 자녀는 세상 모든 경험을 처음하게 된다. 그 감정이 왜 생겼는지 어떻게 대처해야 하는지 모른다는 것이다. 그런데 이렇다 할 답을 주지 않은 상태에서 훈육을 하면 감정적으로도 혼란을 겪게 되는 것이다. 이러한 혼란을 막기 위해서 반드시 자녀의 마음을 이해하는 습관을 들이자. 이렇게 한다면 부모는 자녀의 마음을 있는 그대로 받아들이고 자녀는 부모의 공감을 통해 더 많은 것을 배우게 될 것이다.

스스로 깨닫게 하는 교육

자녀들이 위험한 행동을 하거나 잘못을 저지르는 경우가 있다. 위험한 행동은 절대적으로 주의가 필요하므로 강한 어조로 통제해주어야 한다. 하지만 잘못을 저지르는 경우에 강하게만 통제한다면 오히려 역효과가 날 수도 있다. 이러한 2가지 경우의 훈육 방식을 다르게 해야 한다는 것이다. 주의할 점은 훈육을 빙자해 윽박지르거나 사랑의 매를 드는 훈육 방식은 버려야 한다는 것이다.

자녀가 펄펄 끓는 물이 있는 주방으로 간다. 그리고 호기심 충만한 손을 뻗어 냄비 속을 보려고 한다. 이런 위험한 행동을 한 때에 훈육을 한다고 "안 돼."라고 말하는 경우가 있다. 이 말을 자주 듣는 자녀는 '세상의 모든 것은 위험한 것이구나.'라고 잘못 받아들일 수도 있다. 위험한 물건이나 위험한 상황은 자녀와 격리할 수 있는 방법을 강구하는 편이 낫다. 그럼에도 어쩔 수 없이 위험에 노출된다면 아이가 하려는 행동에 대해 이해하고 공감해주어야 한다. 자녀에겐 호기심에 의한 행동 이외의 다른 의도는 없기 때문이다. 그 후 안 되는 이유에 대해 설명을 해주고 자녀에게 다른 행동으로 유도해주며 학습할 기회를 주어야 하는 것이다.

당신의 자녀는 세상 모든 것이 궁금한 것 투성이다. 판단 자체가 어려운 단계라는 것이다. 그래서 아직 어떤 것이 위험한 행동인지 괜찮은 행동인지 모르는 경우가 많다. 자녀는 여러 경험을 통해 한 가지씩 배워나

가는 단계라는 것을 잊지 말자. 성인이 된 부모도 함께 배워가는 상황 속에서 '동지'라고 생각하면 자녀의 행동을 이해하기 쉬울 것이다.

자녀가 집 안에서 장난을 치다가 TV를 깼다고 하자. 자녀가 처음 그런 행동을 보였다면 아마 많이 놀란 상태일 것이다. 그 행동이 일부러 그런 것이 아니기 때문이다. 이렇게 실수를 할 때 부모는 어떻게 반응해야 할까? 부모도 그 상황에서 많이 놀라고 화가 날 것이다. 그렇다고 실수를 했는데 "안 돼!"라고 말하며 언성을 높이면 자녀에게 좋지 않은 영향을 미칠 것이다. 자녀는 자신이 실수로 저지른 일에 더 놀랄 것이고 공포까지 느낄 가능성이 많다. 화를 내기 전 선행되어야 하는 것은 고의적으로 벌인 일인지 실수인지 판단하는 것이다. 실수라고 판단했다면 자녀 스스로 깨달을 수 있도록 해야 한다. 예를 들면 이렇게 말할 수 있겠다.

"TV가 왜 깨졌지? 앞으로 TV를 깨지 않으려면 어떻게 해야 할까?"

이 말을 하기 전에는 아이의 놀란 마음을 공감해주는 것이 선행되어야 한다. 그리고 나서 잘못된 행동임을 상기시키며 자녀의 대답을 경청해주고 규칙에 대해 설명해야 한다. 그것이 반복된다면 자녀와의 관계가 소원해지는 일이 줄어들 수 있을 것이다.

『부모의 사춘기 공부』의 저자 이정림 작가는 책에서 이렇게 말한다.

"부모가 바라는 대로 아이를 대접하면 아이는 부모가 바라는 대로 자라게 된다."

당신은 자녀가 잘되기 바라는가? 그렇다면 당신이 자녀에게 원하는 대로 자녀 앞에서 행동으로 보여주자. 이것은 가장 쉬우면서도 어려운 일이다. 하지만 당신이 자녀에게 먼저 모범적인 모습을 보인다면 자녀는 그대로 배워가게 될 것이다.

육아가 처음인 아빠에게 보내는 단단한 한마디

부모가 솔선수범하는 모습을 보여주는 것은 언제나 중요하고도 기본적인 육아법이다. 당신이 자녀에게 원하는 것이 있다면 먼저 보여주도록 하자. 자녀가 스스로 깨닫게 한다면 그것이야말로 가장 좋은 육아법이 될 것이다.

5 장

사랑
한다면
아내와 함께
육아하라

01

사랑한다면 아내와 함께 육아하라

세상에서 가장 행복한 사람은
현명한 아내를 가진 남자이다.

– 탈무드

사공이 많으면 배가 산으로 간다?

여러 사람이 저마다 제 주장대로 배를 몰려고 하면 결국에는 배가 물로 못 가고 산으로 올라간다는 의미를 가진 우리나라 속담 '사공이 많으면 배가 산으로 간다.'가 있다. 그래서 자녀를 양육해야 하는 부모도 자신의 주장만 내세워 육아를 해서는 안 된다. 서로의 의견을 존중해주고 자녀 문제의 해결책을 마련해야 한다.

미국에 딕 버메일 미식축구팀 감독이 있다. 그는 만년 꼴지 미식축구팀 세인트루이스 램스를 뛰어난 팀워크 훈련으로 우승으로 이끌었다. 우승 소감에서 이런 말을 했다.

"조직을 승리로 이끄는 힘의 25%는 실력이고 나머지 75%는 팀워크이다."

학교에서 또는 사회생활에서 팀을 이루고 팀워크에 대한 체험해보았을 것이다. 이런 경험을 하며 팀에서 자신의 주장을 지나치게 강조하면 대립이 발생하고 서로 의견을 바탕으로 결론을 도출해야 한다는 것을 알 것이다.

심리학 용어 중 '사회적 태만'이라는 말이 있다. 1913년 프랑스의 농업 전문 엔지니어인 링겔만이라는 사람에 의해 발견됐다. 그래서 '링겔만 효과'라고도 말한다. 그는 줄다리기 실험에서 한 명이 줄을 당길 때와 여러 명이 줄을 당길 때 개인의 기여도가 줄어든다는 결과를 얻을 수 있었다. 이런 결과는 의무감 저하와 조화의 상실에 의해 나타나는 현상이라고 한다. 의무감 저하란 개인의 기여도가 분명하지 않기 때문에 일을 타인에게 떠맡기려는 습성을 말한다. 조화의 상실의 의미는 각 구성원들의 힘이 동일한 순간에 집중되지 않는 것이다.

부모가 명확한 역할 분담을 하지 않는다면 서로 미루게 되는 상황이 만들어질 수 있다. 물론 책임감이 있다면 육아에서 부족한 점을 내가 배우자 대신 보완해줄 수 있다. 그러나 체력이 고갈되어 있는 상태, 자신에게 부정적 감정이 생긴 상태라면 놓칠 수 있기 때문에 명확한 역할 분담이 필요한 것이다.

부모는 육아를 할 때 항상 함께 고민해야 한다. 고민에 대한 결과 도출 과정과 방법은 아래와 같다.

● 먼저 해야 하는 것은 함께 양육의 목표를 설정하는 것이다. 목적이 분명해야 어떤 길로 가든 목적지에 도착할 수 있기 때문이다.

● 부모인 자신과 자녀의 기질을 확인해보는 것이다. 그래야 어떻게 양육할 것인지 길이 보이기 때문이다.

● 기질 확인을 통해 당신의 가정에 맞는 방식을 선택해야 한다. 자신에게 익숙한 방법을 이용해야 그 일을 더 오래 지속할 수 있다.

● 부모가 서로 역할을 정해야 한다. 예를 들어 아빠는 퇴근 후 30분 정도 아이와 놀아주는 놀이 담당, 엄마는 아빠가 놀아주는 동안 아이의 저녁 식사 준비 담당을 할 수 있다.

● 육아 습관을 만들고 매일 개선해야 한다. 어떤 일이든 꾸준히 지속

하는 것이 중요하다. 특히 육아의 경우 양육 방식이 정해져 있지 않으면 자녀에게 혼란을 줄 뿐이다. 습관을 들이는 방식은 언제나 개선 가능하다고 생각하고 완벽을 추구하지 말자. 그렇지 않으면 계속하기 힘들기 때문이다.

앞서 말한 방법은 완벽보다는 최적을 중시해야 한다. 세상에 완벽한 것은 없다고 생각하고 최적의 방법을 찾아야 한다.

행복한 가정을 유지하라

당신이 육아에서 목표를 정했다면 그곳에 도달하기 위해 힘써야 한다. 마라톤 경기처럼 꾸준히 달려야 한다는 말이다. 행복한 가정을 유지하기 위해서 어떻게 해야 하는지 생각해보아야 한다. 세상 모든 일은 마음만 먹으면 시작하기 그리 어려운 일이 아니다. 하지만 꾸준히 그 일을 해나가는 것은 어렵게 느낀다.

먼저 당신은 왜 꾸준히 하지 못하는지부터 알아야 한다. 일본에서 일을 즐겁게 하는 방법을 연구하는 오오하시 에츠오라는 사람이 있다. 그는 자신의 저서 『계속모드』에서 사람이 제자리걸음을 하는 사람들의 원인을 말했다. 이에 덧붙인 설명은 다음과 같다.

첫 번째, 변명을 만들어내는 '예외'이다. 지금 이대로가 편하기 때문에 새로운 습관을 들이는 것이 어렵다는 것이다. 스스로 어떻게 받아들일지 선택해야 하는 문제인 것이다. 따라서 지금 이대로가 좋다는 생각은 하지 말아야 한다. 늘 자신의 마인드를 긍정적이고 발전적으로 바꿔야 하는 것이다.

두 번째, 쓸데없는 걱정거리를 만드는 '불안'이다. 자녀를 양육하며 '우리 아이가 잘못되면 어쩌지?'라고 생각이 들 때이다. 그리고 자녀가 내가 원하는 대로 되지 않을 때 '나는 육아체질이 아닌가 봐.'라고 생각할 수도 있다. 이런 불안한 마음이 든다면 더 좋은 양육 방법을 고민하고 개선하는 것이 더 나을 것이다.

세 번째, 자신을 반성하게 만드는 '슬럼프'다. 육아를 하며 힘든 순간은 분명히 온다. 그 순간 드는 생각이 '내가 잘해내고 있는 것일까?'라는 생각이다. 이 생각은 우리를 슬럼프로 끌어들인다. 이 역시 자신의 내면의식이 성숙하다면 금방 해결이 될 것이다. 당신은 충분히 잘 하고 있다. 잘 안되는 것처럼 느껴지는 이유는 잠시 쉬면서 다시 시작할 수 있게 하는 것이다. 마라톤 경기 중간 중간 음수대가 있는 것처럼 말이다.

습관도 스스로가 만들어 내는 것이다. 목표가 분명하다면 달릴 힘이 생기는 것이고 꾸준히 달리면 목표 지점에 도달한다는 확신이 생기는 것이다. 한 걸음씩 내딛다 보면 가고자 하는 곳에 도착하듯이 자그마한 일부터 습관을 들이면 당신도 분명히 더 성장하게 될 것이다.

습관이 무섭다는 말을 들어 본 적이 있을 것이다. 습관은 어떤 일을 무의식적으로도 반복해서 하는 것이다. 무의식 속에서도 해낼 수 있는 이유는 무엇일까? 일상처럼 자연스럽고 익숙하게 느꼈기 때문이다. 지속해서 어떤 일을 하려면 자신에게 맞는 방법을 찾고 꾸준하게 해보자.

『아주 작은 습관의 힘』의 저자 제임스 클리어는 자신의 저서에서 계속 해내는 힘과 관련해 이렇게 말한다.

"인간은 자신이 할 수 있는 적합한 일을 할 때 동기가 극대화되는 경험을 한다."

이것을 '골디락스 법칙'이라고 하는데 지나치게 어렵거나 쉬우면 계속하기 힘들다는 것을 뜻한다.

일상처럼 느끼는 것은 얼마 지나지 않아 지루함을 느끼게 할 것이다. 더 이상 호기심이 생기지 않는 것이다. 매일 하다 보니 결과가 보이고 새로운 목표를 달성했을 때보다 보람을 덜 느끼게 될 것이다. 하지만 육아는 결코 지루하지는 않을 것이다. 당신이 퇴근 후 샤워하고 설거지를 하는 것이 습관이 되었다면 다만 그 상황이 지루하게 느껴지는 것이다. 이때 샤워하고 설거지하는 대신 식사 준비를 해보면 또 다른 재미를 느낄 것이다. 따라서 일상에 소소한 변화를 준다면 습관을 계속해서 유지할 수 있는 것이다.

당신이 이 책을 읽고 육아에 대한 목표가 생기고 배우자와의 팀워크가 생기고 더 나아가 육아에 참여하는 것이 습관화되었다면 자신감이 생길 것이다. 이것은 당신의 무기가 되어 가정의 행복을 유지하게 할 것이다.

육아가 처음인 아빠에게 보내는 단단한 한마디

가정에서의 '사회적 태만'을 없애기 위해서는 부모의 명확한 역할 분담이 필요하다. 그리고 그것을 습관화 한다면 자신감이 생겨날 것이다. 당신의 가정을 행복한 가정을 유지하고자 한다면 더 나은 방향으로 생각하길 바란다.

02

부부가 함께라면 두렵지 않다

~~~~~~

우리에게 일어나는 일 중에 우리 스스로
불러일으키지 않은 일은 하나도 없다.

– 랄프 왈도 에머슨

암흑 속에서 빛이 보인다

사람은 평소에 일어나지 않은 일을 겪을 때 두려움을 느낀다. 특히 혼자 경험할 때 그렇다. 공포 영화를 볼 때도 혼자 볼 때와 누군가와 함께 볼 때 느끼는 공포 정도가 다른 것처럼. 앞서 아기원숭이 실험을 소개하며 '접촉위안'이라는 것을 이야기했다. 이러한 심리작용 때문에 옆에 누가 있다면 두려웠던 마음이 조금은 위안이 되기도 한다.

영화나 드라마에서 임신한 아내가 분만실에 들어갔을 때 남편을 찾는 장면이 나올 때가 있다. 출산 전부터 시작되는 진통으로 얼마나 힘들고 두렵겠는가? 곁에 남편이 있다면 얼마나 큰 힘이 되겠는가? 그래서 요즘은 남편이 함께 분만실에 있는 경우도 있다. 남편과 함께 시간을 보내며 자녀가 태어나기를 조금 더 안정적으로 기다리는 것이다.

끝이 보이지 않는 터널 속을 당신 혼자 걷고 있다고 생각해보자. 대화를 나눌 상대도 눈을 마주칠 대상도 없다. 빛이 보일 때까지 혼자 걷는 것이다. 얼마나 외롭고 무서운 마음이 들겠는가? 독박 육아도 마찬가지라고 생각한다. 하루 이틀 정도는 크게 느끼지 못할 것이다. 하지만 매일 하다 보면 힘든 날이 있다. 긴 터널을 혼자 걷고 있을 배우자를 위해 사소한 것 하나라도 사랑을 담아 다가가자. 당신이 배우자에게 한 걸음씩 다가간다면 힘든 독박 육아라는 긴 터널에서 빛을 보게 될 수 있을 것이다.

'백지장도 맞들면 낫다.'라는 우리나라 속담이 있다. 모든 사람은 혼자서는 살 수 없다는 말이다. 결혼은 신이 주신 축복이다. 평생 혼자 살며 외로워할까 봐 두 사람을 사랑이라는 이름으로 부부의 연을 만들어준 것이다. 그리고 평생을 행복할 수 있도록 가정생활이 지루하지 않도록 자녀도 선물로 주었다. 당신을 위해 이렇게 큰 선물들을 내려준 것이다.

시련은 언제나 성공 또는 행복으로 가는 길을 열어주는 기회가 된다. 그렇기 때문에 시련을 고통스럽게 받아들이기만 해서는 안 된다. 당신의 삶이 힘들게만 느껴지기 때문이다. 당신에게 시련이 온다는 것은 조금 더 성장할 수 있는 자극제가 된다. 이것은 배우자와의 관계일 수도 있고 자녀 양육 간의 문제일 수도 있다. 그러니 언제나 고난과 역경을 열린 마음으로 받아들여야 한다. 또한 열린 마음을 가지기 위한 내적 성장을 게을리해서는 안 된다. 시련을 이겨내는 힘은 오롯이 나의 내면으로부터 나오기 때문이다. 예를 들어 결혼 생활과 육아에 대해 두려움을 느끼거나 자신이 부족하게만 느껴진다고 하자. 이런 상황이라면 자존감이라는 내면의식을 가꿀 필요가 있다. 외적인 부분은 내면을 잔잔한 물과 같이 만들었을 때 자연스럽게 다듬어진다는 것을 기억하기 바란다.

무서운 세상, 부모는 어떻게 해야 할까?

자존감이 높은 사람은 남녀노소 가릴 것 없이 정서적으로 안정적인 모습을 보인다. 타인을 배려할 줄 알고 상대방의 마음을 공감해주는 능력이 생기기 때문이다. 또한 이 공감 능력은 자존감을 높여주는 부모의 양육방식에서 배우게 된다. 이처럼 부모의 역할은 자녀를 양육하는 데에 있어 엄청난 영향을 끼친다.

사회적 이슈 중 하나가 학교 폭력이다. 관련 법안도 개정이 되어 처벌 대상의 나이도 줄어들었다. 이런 상황에서는 자녀를 학교에 보내기 무서운 부모가 많을 것이다. 이와 관련하여 자녀를 교육하는 방법이 있다. 선행되어야 하는 것은 부모의 내면의식을 성장시켜야 한다는 것이다. 그다음으로 자녀가 스스로 내면을 성장시킬 수 있도록 도와주어야 한다. 자녀는 부모의 모습을 보고 그대로 투영하는 거울이다. 부모에게 배운 것을 흡수하는 스펀지와 같기도 하다. 가족 모두의 내면의식을 변화시킨다면 자녀를 세상에 내보내는 것이 두렵게만 느껴지지는 않을 것이다.

내면의식은 하루아침에 하늘을 찌르도록 높게 성장하는 것이 아니다. 전 세계 많은 부자들이 하루아침에 큰 부를 누린 것이 아닌 것처럼 말이다. 그들은 자신의 내면의식을 성숙하게 단련시키고 더 견고해지도록 담금질과 망치질을 했을 것이다. 그리고 때를 기다리며 칼날을 갈고 기다렸을 것이다. 따라서 당신의 내면의식도 갈고닦을 필요가 있다. 그리고 확신을 가지고 인내하는 시간을 갖자.

미국을 비롯한 전 세계에서 성공철학 거장으로 인정받은 나폴레온 힐이 있다. 그는 자신의 저서 『놓치고 싶지 않은 나의 꿈 나의 인생1』에서 잠재의식을 움직이는 3가지 원칙의 공통분모인 '자기 암시'를 실행할 때 주의할 점을 이렇게 강조했다.

"단, 행동으로 옮길 때마다 반드시 감정을 깃들여야 하며, 신념을 갖고 자기암시를 하도록 노력해야 한다."

항상 부모는 목표를 가지고 자신에 대한 확신을 가지고 굳건히 자리해야 한다. 그럼 자녀도 혼란 속에서 방황하지 않고 자신의 목표를 향해 달릴 것이다.

자녀에게 관심과 사랑이 부족하면 부모의 가르침이 옳은 방향이라도 확신을 갖기 어려울 것이다. 이것은 부모인 자신에게도 해당된다. 당신 스스로를 사랑하고 돌보지 않으면 자신에 대한 확신을 갖기 어려운 것이다. 확실한 믿음이 흔들리기 시작하면 도중에 포기하게 되기도 한다. 반대로 당신 스스로를 먼저 사랑한다면 확신을 가지고 흔들림 없이 자녀에게도 무한한 애정과 관심을 쏟을 수 있는 여유가 생길 것이다. 이는 불필요한 고민을 버리고 확신을 무기 삼아 기다림의 시간을 감내할 수 있게 하기도 한다.

부모는 자녀를 양육하는 동안 많은 기다림이 필요하다. 신생아기에는 울음소리, 영유아기는 끊임없는 질문과 호기심, 청소년기는 사춘기, 청년기 이후는 전화 한 통이 그럴 것이다. 이 모든 것을 기다려주고 끊임없이 관심과 사랑을 쏟으려면 인내심이 필요하다.

대부분 자녀가 올바른 사람, 부모인 나보다 더 좋은 환경에서 자라기 바랄 것이다. 그렇기 때문에 더욱더 자녀 스스로 깨달음을 얻을 수 있도록 충분히 기다려주어야 한다. 인내의 시간을 거치며 자녀에게 방향을 알려주는 길잡이 역할만 해주면 된다는 것이다.

당신의 자녀가 불빛 하나 없는 긴 터널을 통과해야 한다고 하자. 이때 부모의 역할은 터널 입구와 터널 출구에서 방향을 알려주는 일을 해야 한다. 그래서 혼자 육아를 하게 되면 자녀를 암흑 속으로 내몰아 갇히게 만들 수도 있다. 또는 다른 길로 돌아가게 만들며 혼란을 주기도 한다. 따라서 부모는 출발과 목표 지점에 대해 먼저 알고 자녀에게 확신을 심어줄 수 있어야 한다.

이때 부모는 서로의 정보를 공유하고 협의하여 자녀가 갈 수 있는 최적의 길을 안내해야 하는 것이다. 한 사람만 육아에 관심을 가지면 그 사람이 올바른 길로 안내하는지 알기 힘들다. 그래서 부모는 서로가 안내자와 조력자가 되어야 한다. 세상에 100% 완벽한 것은 없다. 단지 최적의 길과 찾기 쉬운 방법을 알려주는 것뿐이다.

육아를 하다 보면 자신 스스로에게 의심이 들 때가 있다. 이때는 누군가가 옆에서 도와주어야 한다. 이 문제를 해결하는 데에 사랑하는 사람과 함께라면 더할 나위 없는 행복을 느낄 것이다. 이제 막 부모가 되려고 하든지 이미 성인 자녀를 두었든지 상관이 없다. 어떤 일이든 사랑하는 사람과 함께 진심 어린 애정을 담아 자녀에게 전해야 한다. 그렇다면 양육문제에서 힘든 일이 급격히 줄어들 것이다. 부부가 서로 힘을 합쳐 같은 목표를 바라보며 달린다면 결코 못 할 일이 없다고 느낄 것이다.

육아가 처음인 아빠에게 보내는 단단한 한마디

성공철학은 삶의 전반적인 부분에서 적용될 수 있다. 이것을 육아에 적용한다면 더 옳은 방향으로 양육할 수 있을 것이다. 확신을 가지고 배운 것을 활용하며 습관화하도록 하자. 내면 의식을 성장시키는 일을 소홀히 하지 않도록 하자. 당신이 이것을 명심하고 살아간다면 육아를 통해 삶의 질 또한 변화하게 될 것이다.

03

육아는 돕는 것이 아니라, 함께 하는 것이다

남편이 아내에 대하는 힘은 아버지와 같은
또는 친구와 같은 힘이어야 한다. 권위를
배경으로 한 폭군적인 힘이어서는 안 된다.

– 제레미 테일러

육아도 팀워크가 답이다

스포츠 경기 중 노를 저어 배의 속도를 겨루는 수상 스포츠인 조정이
있다. 조정 경기는 인원수에 따라 여러 분류로 나뉜다. 그중 에이트라고
하는 종목이 있다. 이는 8명이 팀을 이뤄 노를 젓는 것이다. 8명이 하나
의 움직임으로 노를 저어야 배가 일정하게 나아가는 것이다. 조정 경기
와 같이 부모도 한 방향으로 함께 노를 젓는 것이 중요하다. 그렇지 않으
면 자녀의 양육이 다른 방향으로 흘러갈 수 있기 때문이다.

모든 여자는 임신과 출산을 경험하며 많은 것을 희생한다. 임신 초기
에는 입덧으로 힘들어하고 배가 나오기 시작하면 요통과 같이 몸에 생기

는 통증을 이겨낸다. 잘 때도 바로 누워 잘 수도 없으며 온몸이 퉁퉁 붓기도 한다. 혹 임신 중 몸이 아파도 배 속에 있는 아이를 생각한다고 약도 쉽게 못 먹는다. 출산할 때에는 진통과 출산의 두려움을 이겨낸다. 출산 후에도 몸은 망가져 있고 수유를 한다고 새벽에 잠을 설치기도 한다. 이렇게 출산 후에는 하던 일까지 내려놓고 육아를 한다. 이 모든 것을 남자는 간접적으로 체험했을 것이다. 공감능력이 뛰어난 남자는 심한 경우 입덧도 같이 체험을 하기도 하지만. 이러한 여자의 희생을 당신이 피곤하다는 이유로 잊어서는 안 된다. 육아를 하는 동안에 꾸준히 관심과 사랑하는 마음을 유지해야 한다는 것이다.

현대 사회를 살아가는 부부들은 대부분 일과 가정을 모두 챙겨야 하는 상황에 직면했다. 그래서 책임감이 가중되면서 심하면 '무자녀'를 외치며 임신을 거부하기도 한다. 이런 생각을 가졌던 부부들도 시간이 흐르면 자녀를 낳기도 한다. 왜 말이 바뀌는 걸까? 사실 말이 바뀐 것은 생각이 바뀌었다고도 할 수 있겠다. 생각의 변화는 늘 일어날 수 있다. 특히 자녀 계획이 없던 가정에서의 변화는 혁신이라고 표현할 수도 있다. 그들의 생각이 바뀐 이유는 '지금 낳지 않으면 평생 못 낳을 것 같아서, 둘만 사니까 집이 허전해서, 부모님이 원하셔서, 부부생활에 변화가 필요할 것 같아서.' 등이다.

인생도 그렇듯이 임신도 때가 있다고 생각한다. 원하지 않는 임신을 권하지는 않는다. 다만 당신이 자녀를 출산하고 더 행복했으면 좋겠다는 마음이다. 때가 되고 건강한 신체, 의지, 노력만 준비됐다면 언제든 가능하니까 말이다. 늘 열린 마음으로 당신 스스로와 배우자와의 관계를 사랑으로 유지하기 바란다.

배우자는 자녀를 10개월 내외로 품으며 인고의 시간을 버텨내어 세상의 빛을 선물했다. 이제는 고민할 것도 없이 출산 전보다 더 많이 함께해야 한다. 당신이 힘들다면 배우자는 더 힘들다. 이제 고민이라는 암세포를 이리저리 전이시키는 일은 그만두자. 지금은 생각이 아니라 행동해야 하는 때이다. 혹시 아직도 육아에 대해 부정적인 생각이 밀려오는가? 그렇다면 '당신 부부와 자녀를 위한 성장의 기회'라고 생각하자. 아마 육아에 동참하기 수월할 것이다. 자, 당신의 가정이 최고의 팀워크를 보여줄 시간이다!

같은 곳을 보는 것이 사랑이다

부부가 각자의 꿈이 있다는 것은 참으로 좋은 현상이다. 비록 임신, 출산, 육아로 꿈을 향해 달리는 길이 잠시 정체되었어도 말이다. 차가 막히는 도로에서 불만을 토로한다 해도 차가 가지 않는 것처럼 꿈 정체기에 접어들었을 때도 마찬가지다. 아무리 불만을 얘기해봤자 소용없다는 것이다. 당신이 가진 꿈은 틈새 시간만 이용하면 결국 이룰 수 있을 것이다. 그 틈새 시간은 부부가 서로 만들어주어야 하는 것이다. 비록 오랜 기간이 걸린다 해도 말이다.

운동회를 하면 빠지지 않았던 이인삼각 경기가 있다. 두 사람이 나란히 서서 상대방과 붙은 쪽의 다리를 끈으로 묶고 달려 반환점을 돌아 다시 제자리로 오는 경기다. 처음에는 서로의 어깨에 부딪히고 평소와 다른 보폭으로 넘어지기도 한다. 하지만 마음속 조급함을 버리고 조금만 지나면 '하나, 둘' 구령을 넣으며 발을 맞춰나가기 시작한다.

결혼 생활과도 많이 닮아 있기도 하다. 처음에는 사소한 일로도 티격태격 다투기 일쑤다. 서로 다른 인격으로 한 공간에서 지내려니 부딪히는 것이 이만저만이 아니다. 하지만 함께 지내며 여러 가지 경우에서 부딪히며 깨닫는 것이 생긴다. 배우자의 말과 행동을 점차 인정하게 된다. 그리고 이제는 잔소리 없이도 배우자가 움직이는 경우도 있다. 자녀가 있다면 조급한 마음을 인내로 바꾸기도 한다. 서로 같은 곳을 바라보고 달리며 점점 마음을 맞춰가는 것이다. 이러한 것들이 이인삼각 경기와 결혼 생활을 거의 비슷하다고 느끼게 한다.

사랑은 마주 보는 것이 아니라 같은 곳을 보는 것이라는 말이 있다. 서로 마주 보고 있으면 상대방에게 집착하게 되고 신경 쓰게 된다. 하지만 같은 곳을 보면 넓게 펼쳐진 세상이 보인다. 시야가 넓어지고 부부의 공동된 목표를 정할 수도 있다. 그리고 같은 목표를 향해 혼자가 아닌 둘이 함께 갈 수 있는 것이다.

TV드라마나 영화에서 나오는 대부분의 재벌가에서는 부모가 자녀에게 부와 명예를 물려준다. 정작 필요한 것은 사랑과 관심인데도 말이다. 그래서 TV나 스크린을 통해 보는 재벌 2세들은 대체로 예의가 없거나 약물에 중독되거나 폭행을 일삼는다. 정서적으로 불안정한 상태에서 갑작스레 많은 부와 커다란 명예를 물려받으니 혼란 상태가 되는 것이다.

재벌가 부모처럼 당신 또한 같은 생각을 할 수도 있다. 하지만 그것은 그저 환경을 조성해 주는 것뿐이다. 자녀의 내면이 자라지 않은 상태에서 좋은 환경을 물려준다면 역효과가 날 수 있다. 부모는 자녀에게 '무엇을 해줄 것인가.'가 아니라 '무엇을 보여줄 것인가.'를 결정해야 한다. 이 문제는 솔선수범 육아법이 기초임을 알고 행동해야 한다. 이 또한 부모가 함께 고민하고 방향을 설정해야 한다. 행복한 가정환경을 만들어가는 것이 부모의 역할이기 때문이다.

부모의 역할로 '매슬로우 인간 욕구 5단계'를 충족시켜주어야 하는 임무가 있다. 1단계 생리적 욕구인 의식주 해결부터 5단계 자아실현 욕구 해결까지 말이다. 따라서 가정환경은 언제나 긍정적인 분위기를 만들어 주어야 한다. 또한 올바른 자아가 형성될 수 있도록 남자와 여자의 역할도 알려주어야 하는 임무도 있다. 그것은 혼자 할 수 있는 일이 아니라는 것은 잘 알 것이다.

당신과 당신의 배우자는 부모로서 어떤 역할을 해야 하는지 배워야 할 의무가 있다. 학교에서 가르쳐주지 않으니 교육 기관을 찾아보는 것도 좋다. 다양한 부모 교육 프로그램을 접하고 배워야 한다. 수많은 육아 관련 서적을 읽었어도 실천으로 옮기기는 역부족일 것이다. 근본적인 문제부터 전문적인 지식을 적용할 수 있고 당신에게 맞는 프로그램을 찾기 바란다.

병영 경영자이자 의사, 자기계발 강사인 일본의 이노우에 히로유키의 저서 『배움을 돈으로 바꾸는 기술』에는 어디서부터 배워야 하는지 모르겠다면 이렇게 하라고 조언한다.

"처음에는 자기 분야의 능력을 높이는 공부로 시작했다가 점차 어느 한 분야로 정하지 않고 잠재능력, 즉 인간이라면 누구나 가지고 있는 무한한 힘을 발휘하기 위한 공부로 확장해가는 것입니다. 이것은 더 나아가 인간에 대한 공부로 이어집니다."

당신은 육아를 하며 궁금증이 생기면 다양한 매체를 통해 지식을 습득

한다. 바로 거기서부터 육아 공부는 시작되는 것이다. 그렇게 한 가지씩 배우다 보면 추가적인 질문이 스스로에게 찾아올 것이다. 그때 더 공부하면 된다.

육아 공부도 마찬가지로 혼자만 공부해서는 안 된다. 부모가 서로 습득한 정보에 대해 공유하고 토론해야 조금 더 최적화된 방법을 찾을 수 있기 때문이다. 아프리카 속담 중에는 이런 말이 있다.

"빨리 가고 싶다면 혼자 가고, 멀리 가고 싶다면 함께 가라."

인생도 마찬가지다. 빨리 성공하고 싶다면 혼자 사는 것이 낫다고 생각할 수 있다. 하지만 혼자 성공을 누린다면 그 행복은 오래가기 힘들다. 그 행복을 오래 유지하고 싶다면 멀리 보고 생각했으면 한다.

육아가 처음인 아빠에게 보내는 단단한 한마디

육아는 돕는 것으로 생각하는 것이 아니라 함께 한다는 생각을 가지고 팀워크를 발휘하도록 하자. 당신의 배우자와 한 곳을 함께 바라보며 서로에게 지원군이 되도록 하자. 출산 이전 배우자가 인내한 시간을 잊지 않도록 하자.

04

연애 때의 감정으로 아내를 대하라

남편들이 보통 친구들에게 베푸는 것과
꼭 같은 정도의 예의만을 부인에게 베푼다면
결혼 생활의 파탄은 훨씬 줄어들 것이다.

- 화브스타인

결혼 후 잊은 것들

당신은 행운을 거머쥔 사나이다. 세상 모든 솔로 남성들의 연인이었던 사람과 함께 살고 있으니 말이다. 무슨 말인지 의아한가? 당신의 배우자는 당신과의 결혼 이전에는 알게 모르게 뭇 남성들에게 사랑을 받는 존재였다는 말이다. 그런 존재와 평생가약을 맺고 함께 살고 있으니 어찌 행운을 가졌다고 하지 않을 수 있을까?

결혼 전에는 몰랐을 것이다. 연애할 때는 세상에서 가장 예뻤던 여자는 자녀를 출산하고 머리가 산발이 되어 있다. 순수한 모습의 여자는 온데간데없고 억척스러운 엄마가 된다. 사슴처럼 초롱초롱한 눈망울은 없고 판다 눈처럼 다크써클이 드리워졌다. 소식을 하던 처녀는 임신 후 야식까지 꼬박꼬박 챙겨먹는 먹방요정이 되어 있다. 내가 사랑하는 여자가 이런 모습이 될 줄은 그땐 알지 못했을 것이다.

배우자 역시 당신에게 이런 모습이 있을 줄은 몰랐을 것이다. 평생 내 편이 되어줄 것 같던 남자는 남의 편을 드는 남편이 되었다. 매번 데이트 할 때 약속시간 10분 전에 와서 기다리던 남자는 밥 차려놓고 기다려도 소파에서 식탁까지 10분이 걸리는 남편이 되었다. 부드러운 카리스마로 가정을 휘어잡을 가장처럼 보이던 남자는 주말에 어김없이 부드러운 소파에 누워 일어날 줄 모르는 베짱이가 되었다. 연애 때는 술도 자제하며 마시는 모습을 보고 결혼했더니 집에 들어오는 것을 자제하는 남편이 되었다.

이처럼 연애 때는 보여주지 못했던 것이 결혼 후에는 거의 모든 면에서 가감 없이 드러난다. 이런 현상이 일어나는 데는 다 이유가 있다. 당신과 배우자는 서로의 소중함을 잃어버린 것이다. 그리고 자신을 잃어버리고 있는 것이다.

당신과 배우자는 서로 사랑하고 소중하게 여겨 결혼했을 것이다. 그런데 결혼하면 사랑과 소중함을 자주 잊게 될 것이다. 많은 이유가 있지만 현실과 로망의 괴리감도 한몫했을 것이다. 당신은 아마 '내가 꿈꿨던 결혼 생활은 이게 아닌데.'라는 생각을 해본 적이 있을 것이다. 그 생각이 당신을 지배해버렸기 때문에 부정적으로 판단하게 될 가능성이 많다.

배우자와의 결혼 전 연애 시절을 생각해보라. 현재에 비해 장점이 많은 사람이었는가? 아니면 단점이 많은 사람이었는가? 그럼 배우자가 나의 장점을 생각하며 사는지 단점을 보며 사는지 알고 있는가? 차분히 생각해볼 문제다.

연인 사이가 되면 대부분 상대방의 장점만 본다. 단점이 보이더라도 합리화하여 그것을 장점으로 만들기도 한다. 또는 장점이 단점을 숨겨주기도 한다. 반대로 결혼 후에는 단점들이 눈에 들어오기 시작한다. 매일 보는 사이니 익숙함을 느꼈기 때문일 것이다. 사람은 부정적인 감정이 본능적으로 생겨난다. 그리고 쉽게 잊기 힘들다. 그래서 익숙해진 상황에서 계속해서 단점만 찾게 되는 것이다. 이제 왜 단점만 보이는지 알았다면 의식적으로 연애할 때처럼 장점을 찾아내고 단점을 장점으로 숨기자. 그리고 칭찬을 더하라. 이 행동을 반복하면 당신의 배우자는 달라지려고 노력할 것이다. 이것만 했을 뿐인데 매일 행복한 가정이 유지될 것이다.

"인생은 왕복 차표를 발행하지 않는다. 일단 떠나면 다시는 돌아오지 못한다."

프랑스의 소설가 로망 롤랑의 말이다. 당신도 알다시피 인생은 한 번이다. 그 인생을 불필요한 에너지를 낭비하며 싸우지 말자. 그 시간에 나를 돌아보고 배우자와 자녀를 돌아보자. 분명 당신의 선한 영향력을 끼칠 수 있는 부분이 있을 것이다.

결혼을 했다고 해서 '나'라는 존재가 사라지지 않는다. 당신은 결혼 후에도 꾸준히 '나다움'을 유지해야 한다. 그렇지 않으면 나다움을 잃어버리기 쉽기 때문이다. 당신이 가정을 위해 일을 하고 육아를 할 때 그리고 배우자 역시 마찬가지다. 그래서 서로의 '나'를 지키기 위해서는 각자를 위한 시간을 만들어야 한다. 결혼 전에 가졌던 취미 생활을 다시 되찾는 것도 방법이다. 그러나 현재 상황은 연애할 때의 상황과는 다르다. 기존 취미가 현재 생활에 영향을 받지 않는다면 다행이지만 그렇지 않은 경우는 새로운 것을 찾아보는 것이 좋다. 그래야 가정생활에도 소홀하지 않을 수 있기 때문이다.

취미를 가지는 것은 일과 육아로 쌓인 스트레스를 풀 수 있는 기회가 생기는 것이다. 나를 잃어버리지 말자. 그래야 당신의 꿈이 사라지지 않는다. 이것이 가정의 행복 또한 지켜줄 것이다. 그리고 그런 시간을 보장해주는 당신 자신과 배우자에게 그리고 잠시 부모를 놓아준 자녀에게 감사한 마음을 갖자.

사소한 것에 대한 감사

사소한 일에도 감사하는 마음과 행복을 느낄 수 있어야 한다. 저녁 식사를 위해 맛있는 요리를 열심히 만들어주는 아내에게 감사한 마음을 표현해야 한다. 그리고 맛있는 요리를 먹으며 행복함을 느낄 수 있어야 한다. 퇴근 후 당신을 보고 방긋 웃음 짓는 사랑스런 자녀에게도 감사와 행복을 느껴야 한다.

요즘 방영되고 있는 수많은 TV프로그램 중에는 부부관계를 소재로 다루는 경우가 많다. 프로그램에서 여성 출연자들은 종종 이런 대화를 나눈다.

"따뜻한 말 한마디면 모든 것이 해결될 텐데. 그 말 한마디를 들은 적 없어요."
"어떤 말을 듣고 싶으신데요?"
"그냥 '오늘 하루 수고했다, 고맙다' 이런 말들이요."

그렇다. 여자들이 원하는 것은 큰 것이 아니다. 남자들이 사소하게 생각하는 바로 그것이다.

사소한 것에 대한 감사를 느끼고 싶다면 다음과 같이 매일 감사 일기를 써보자. 자신의 SNS가 되어도 좋고, 스마트폰 메모 기능도 좋다. 아주 간단한 것부터 할 수 있다.

- 새벽에 일어나 운동을 할 수 있음에 감사.
- 점심시간을 이용해 자녀와 영상 통화를 할 수 있음에 감사.
- 직장 상사가 소리치며 말할 때 함께 소리치지 않음에 감사.
- 오늘 업무를 다 처리하고 정시 퇴근할 수 있음에 감사.
- 퇴근 후 가족을 위한 저녁 식사를 준비할 수 있음에 감사.

매일 다른 내용이면 더 많은 것에 감사함을 느낄 수 있지만 같은 내용이어도 상관없다. 매일 하는 습관이 되면 더욱 좋다. 그러나 부담감을 느낄 필요는 없다. 부담감을 느낀다면 습관으로 만들기 어렵기 때문이다. 그냥 가벼운 미션 정도로 생각하고 하루 3분만 투자한다면 당신의 삶에 감사가 넘쳐나게 될 것이다.

심리학 박사 리처드 칼슨은 그의 저서 『사소한 것에 목숨 걸지 마라』에서 이렇게 말했다.

"사랑이 충만한 삶을 가꾸려는 노력은 먼저 내면에서 시작해야 합니다. 우리가 원하는 사랑을 다른 사람이 베풀어주기를 기다리기보다는 우리가 먼저 비전이 되고 사랑의 원천이 되어야 합니다. 다른 사람이 따를 본보기를 제시하기 위해 우리가 먼저 사랑이 실린 친절을 풀어놓아야 합니다."

사람마다 상황이 다르고 인격도 다르다. 하지만 공통적인 것 중 하나는 사랑을 주고받을 자격이 있다는 것이다. 따라서 우리는 사랑을 주는 방법을 알아야 하며 사랑을 받을 자격을 갖춰야 한다.

연애 시절 당신과 배우자의 추억을 떠올려보자. 분명 행복한 기억을 떠올릴 수 있을 것이다. 서로 사랑을 말하고 감사함을 전했을 것이다. 서로의 장점을 찾아 칭찬하기도 했을 것이다. 그때의 기억을 되살려 결혼 후에도 같은 모습을 찾도록 노력하자. 그러면 부부관계에서 좋은 결과가 나타날 것이다. 또한 당신의 자녀에게도 좋은 본보기가 될 것이다.

육아가 처음인 아빠에게 보내는 단단한 한마디

연애 시절 그 감정대로 배우자를 바라보도록 하자. 더 이상 단점만 찾지 말고 장점을 다시금 되돌아보라는 것이다. 인생을 되돌릴 수는 없지만 되돌아 볼 수는 있다. 서로 상대방의 '나다움'을 잃어버리지 않도록 지켜주도록 하자. 마지막으로 사소한 것이라도 감사할 수 있는 삶을 살기를 바란다.

05

아내와의 수다가 필요한 이유

부부 생활은 길고 긴 대화 같은 것이다.
결혼 생활에서는 다른 모든 것은 변화해 가지만
함께 있는 시간의 대부분은 대화에 속하는 것이다.

– 니체

육아보다 부부관계 먼저

수다가 필요한 이유가 있다. 워터쿨러 효과라는 것이 있다. 혼자 휴식을 취할 때보다 직장 동료들과 함께 휴식을 하며 수다를 떨 때 업무 성과도 좋다는 연구로 얻은 결과이다. 때로는 수다를 통해 새로운 아이디어를 얻기도 한다.

집에서는 배우자와 대화가 중요하다. 이때 육아에 대한 이야기도 할 가능성이 많다. 그래서 자주 대화를 나눌수록 육아에 대해 더 많이 의논할 수 있다. 혼자 공부하고 생각할 때에 비해서 말이다.

당신은 배우자와 평소에 얼마나 많이 육아에 대한 대화를 하는가? 시간이 없다는 핑계는 더 이상 말하지 말자. 지금 당장 관심과 사랑을 쏟지 않으면 자녀는 당신과 점점 거리감이 생길 것이다. 어떤 일이든 때가 있다는 것을 명심하자.

통역사이자 작가인 염소연은 저서 『결혼 전에는 미처 몰랐던 것들』에서 '부부일심동체'라는 말에 관하여 이렇게 말했다.

"'부부일심동체'라는 말은 오랜 시간 함께 지낸 부부가 서로의 다름을 인정하고 맞추며 비로소 말하지 않아도 아는 한마음이 되었을 때 하는 말이다. 결혼했다고 해서 곧바로 일심동체가 될 수 있는 것은 아니다."

이 말은 대부분의 부부가 동의할 것이다. 서로 다른 생각과 인격을 가진 사람이 함께 산다고 하루아침에 같은 마음이 될 일은 없으니 말이다. 하지만 대화를 통해 서로의 마음을 공유한다면 상대를 이해하는 것을 넘어 인정하게 될 것이다.

부부관계가 좋지 않다면 육아에 좋은 영향을 끼칠 수 없다. 앞서 말했듯이 부모가 자녀의 거울인 것은 그 이유다. 부모가 자녀에게 지켜야 할 규칙 목록을 만들게 하듯이 부모가 서로 지켜야 할 규칙을 만드는 것도 좋은 방법이다.

육아로 인한 우울증은 부모를 괴롭히기도 한다. 우울증은 마음의 감기라고도 할 정도로 흔하게 찾아오는 정신적 질환 중 하나다. 우울증을 모르고 살았던 사람도 결혼 이후에 경험하는 경우도 있다. 우울증은 불씨와도 같다. 초기에 잡지 않으면 산을 통째로 태울 만큼 커져서 진압이 힘들 것이다. 우울증은 부부의 긍정적 대화가 가장 효과적일 것이다. 정신의학과에서는 우울증 환자의 말을 공감하고 들어주는 것만으로도 위안이 되며 치료 효과가 있다고 한다.

부모와 자녀 간의 갈등은 부모와 자녀 모두에게 우울증의 원인을 제공한다. 여러 가지 갈등을 일으키는 요소가 있지만 대부분의 경우는 소통의 문제일 가능성이 많다. 그래서 우리는 자녀와 소통하고 부부관계에 도움이 될 만한 대화법이 필요하다. 가족과의 유대감을 유지하려면 말이다.

부모도 자녀와 같이 매일 성장하는 인격체이다. 그러므로 혼자서는 존재할 수 없다. 그래서 신은 사람들에게 언어를 만들어주었을 것이다. 서로의 생각을 공유하고 세상을 발전적으로 이끌기 위해서 말이다. 그만큼 인간관계에서는 대화가 중요하다.

당신의 행복한 가정을 위한 대화법

『심리학이 이렇게 쓸모 있을 줄이야』의 저자 류쉬안은 자신의 책에 이러한 내용을 담았다.

"우리의 가슴을 뛰게 하는 것은 새로운 무언가가 아니라 생활 속의 즐거움과 설렘을 오래 유지할 수 있도록 노력하는 자세다."

여기서 말하는 노력하는 자세는 여러 가지 의미를 가지고 있을 것이다. 그 한 가지 예로 긍정을 불러오는 대화가 있다.

심리학에서 말하는 에고(Ego), 즉 자아는 현재의식과 잠재의식으로 나누었다. 현재의식은 청각, 촉각, 시각 등 감각기관을 통해 들어오는 신호를 인지하는 의식을 말한다. 잠재의식은 반복적 암시를 통해 무의식에 저장되는 것이다. 무심코 내뱉는 말, 생각, 감정이 여기에 해당한다.

일본의 고이케 히로시 작가는 자신의 저서 『2억 빚을 진 내게 우주님이 가르쳐준 운이 풀리는 말버릇』에서 하루에 '감사합니다'를 500번 이상 말하는 것만으로도 삶이 더 나아진다고 말했다. 이것이 잠재의식에 긍정 마인드를 심는 작업이 되는 것이다. 덕분에 무의식에 긍정의 말 한마디로 긍정적 효과를 가져올 수 있다는 것을 말한다.

다음은 공익광고협의회의 광고 카피 중 하나이다.

"말이 통하는 사회, 듣기에서 시작합니다."

대화를 시작하기에 앞서 경청할 준비를 해야 한다는 말이다. 우리나라 직장인들은 이런 경험을 한 번쯤 해본 적이 있을 것이다. 내가 아무리 말해도 직장 상사는 듣고 있는 것 같지 않다는 것을. 그리고 그들은 실제로 당신의 이야기에 공감을 하지 않고 있을 가능성도 많다. 대부분의 직장 상사는 자신이 듣고 싶은 말을 듣기 원할 때가 많다. 당신이 만일 이런 느낌을 받는다면 대화를 계속 이어가더라도 진심을 담기는 힘들 것이다.

가정에서도 마찬가지다. 거의 모든 가정에서 대화를 이끌어가는 사람은 부모이다. 부모는 서로의 마음을 들어야 하기도 하지만 자녀의 마음까지도 대화를 통해 읽을 수 있어야 한다. 가족도 인간관계라는 큰 틀에 속해 있다. 그래서 대화 방법은 당신이 알고 있는 것과 거의 흡사할 것이다. 하지만 배우자, 자녀와의 대화법에는 다른 점이 있다. 다음 내용을 확인하자.

● 권력자의 자세가 아닌 경청자의 자세를 취하라.
– 예) 시선과 자세는 상대방 쪽으로 부드러운 목소리 톤 유지하고 중

간에 말을 끊지 마라. 공감의 제스처를 취하라.

● 호칭은 한 가지로 유지하라.

– 예) ○○아, 여보, 당신 (배우자, 자녀의 애칭 사용 금지)

● 의문점이 있다면 상대방에게 양해를 구하고 바로 질문하라.

– 예) ○○아, 하고 싶은 말 다했다면 아빠가 한 가지 물어봐도 될까?

● 상대방의 감정과 태도 등을 공감하고 탐색하는 질문을 하라.

– 예) 그때 기분이 그랬구나. 지금은 괜찮아졌니? 네 생각은 그랬구나. 아빠 생각은 이런 데 어떤 생각이 맞을까?

● 부정적인 단어나 문장보다 긍정적이고 발전적인 단어와 문장을 선택하라.

– 예) 잘못은 충분히 반성했을 것이라 생각해. 이번 일로 깨달은 점이 있니? ○○(이)가 더 성장했겠구나.

● 상대방이 한 과거의 말과 행동에 대한 선입견이나 편견을 버려라.

– 예) "넌 원래 그랬잖아. 네가 뭘 알아? 넌 항상 그래."등과 같이 선입견을 내포한 말은 삼가야 한다.

● 상대방의 말을 제대로 이해했는지 말한 내용을 반복, 요약해서 재질문하라.

– 예) 아빠는 이렇게 이해했는데 너의 생각을 제대로 이해한 것 같니?

● 부모 한쪽을 편향하는 성격을 띠는 말은 하지 않는다.

– 예) "넌 아빠 닮아서 공부를 못 하는구나?"와 같은 말은 하지 말자.

● 자신감과 학습 동기를 떨어뜨리는 말은 하지 않는다.

– 예) "넌 누구 닮아서 그러니? 네가 홍길동 보다 못난 것이 뭐야? 이 자리에서 사과해. 결과가 중요한 거야. 커서 뭐가 되려고 그래? 너한테 실망했어. 이번이 마지막 경고야." 등 부정적인 말을 피해야 한다.

● 예의 없는 아이로 자라게 하는 말은 하지 않는다.

– 예) "OO(이)가 원하는 대로 해. 그 친구가 잘못했네. 네 잘못은 없어. 그 친구랑 놀지마." 등의 말은 예의 없거나 이기적인 아이로 만들 수 있다.

앞의 예시에는 부모와 자녀와의 대화 내용만 있지만 배우자와의 대화에서도 적용할 수 있다. 경청, 공감, 긍정 태도는 대화를 비롯한 양육의 모든 면에서 꼭 필요한 요소다.

당신의 배우자와 자녀 그리고 당신은 대화가 필요하다. 가족과의 유대감, 응집력을 키우기 위해서는 정기적인 소통의 장을 마련하는 것이 좋다. 대화를 이끄는 것은 대부분은 부모가 될 수 있지만 소통의 장은 언제나, 누구나 만들 수 있어야 한다. 부모만 소통의 장을 만드는 것은 권력을 내세우는 것과 마찬가지다. 가족과 상의하여 정기적으로 자리를 마련하고 그 외의 날은 자유롭게 정할 수 있게 하는 것이다. 그래야 자녀가 고민이 있을 때 터놓고 얘기할 수 있을 것이다. 가족 간의 비밀이 없이 지내기 위해서도 대화는 필수이다.

사실 육아보다 부부의 대화가 먼저 이뤄져야 한다. 이를 통해 자녀를 양육하는 공동의 목표를 정해야 한다. 그리고 실행할 방법들에 대해 의견을 나누어야 한다. 가정 내에서 지켜야 할 규칙을 정하고 육아를 하는 동안 꾸준히 개선하며 자녀를 올바른 방향으로 이끌어야 한다.

당신의 자녀가 정서적으로 안정되기 위해 유대감을 형성할 수 있는 방법은 대화다. 그리고 배우자와 당신의 우울한 감정을 치유하는 것은 대화다. 대화가 부족하면 오해가 쌓이기 쉽다. 그러므로 쌓이기 전에 수시로 해소해주어야 한다. 당신의 가정에 늘 행복이 가득하길 응원한다. 당신 한 사람의 행복은 행복한 세상의 시작임을 잊지 말자. 긍정으로 가득 채운 육아로 우리 아이들에게 행복한 세상을 선물하자.

육아가 처음인 아빠에게 보내는 단단한 한마디

배우자가 육아로 인해 올 수 있는 우울증을 대화로 해결할 수 있을 것이다. 출산 이후에는 보통 자녀에게 온 신경을 집중해야 하기도 하다. 하지만 그 전에 부모가 대화를 나눔으로써 서로의 감정도 들여다보는 습관을 가져야 할 것이다. 때로는 들어주기만 해도 우울증을 예방할 수 있으니 말이다.

06

아빠가 만드는 행복한 엄마

세상의 그 무엇과도 바꿀 수 없는 것이 있다면,
그것은 젊어서 결혼하여 함께
고생하며 늙은 아내이다.

– 탈무드

누구에게나 똑같은 1440분

1년 365일 24시간은 전 세계 모든 사람에게 공통적으로 주어진다. 각자 처한 상황이 다를 뿐 누구에게 1분을 더 주거나 덜 주어지는 경우는 절대 없다. 하지만 어떤 사람은 자신에게 주어진 시간을 쓸데없는 일에 소비한다. 이와 반대로 정말 자투리 시간까지 끌어 모아 미래의 꿈을 위해 활용하기도 한다. 당신은 어떤 사람에 속하는가?

워킹대디들은 일과 육아를 동시에 하느라 스스로와 배우자에 대해 무관심해질 수도 있다. 아무리 시간이 없다 하더라도 자신만의 시간은 있다. 단 10분이라도 말이다. 일과 육아로 돌보지 못한 자신과 배우자에게 이제부터라도 관심과 사랑을 쏟자. 이것을 위해 시간 관리와 사소한 습관을 만들어야 한다. 시간 관리를 통한 틈새시간 확보로 자신과 배우자를 위한 노력을 기울이자. 그리고 행복한 부부관계를 위해 사소한 일을 습관화하자.

중국의 후웨이홍은 자신의 저서 『성공한 CEO들의 69가지 습관』에서 이렇게 말했다.

"작은 인물이 이렇다 할 성과나 성공을 거두지 못하는 이유는 아이큐가 모자라거나 혹은 체력이 부족해서가 아니다. 바로 중요한 시간을 잡다한 일에 낭비하기 때문이다."

이 말은 시간을 불필요하게 낭비해서는 어떤 일을 성공시키기 힘들다는 말이다. 예를 들면 퇴근 후 스마트폰 게임을 하는 데 시간을 낭비하느라 자녀와의 행복한 시간을 놓치는 것일 수도 있다. 물론 스마트폰 게임을 하지 말라는 말은 아니다. 다만 가정생활과 직장생활에는 지장을 주지 않게 해야 한다. 중요한 것이 무엇인지 생각하고 우선순위를 정해야 한다는 것이다.

틈새 시간을 육아에 활용하기 위해서는 먼저 배우자와 함께 마주 앉

자. 여기서 중요한 것은 자투리 시간의 활용은 육아를 위해 사용해야 한다는 것이다. 그 후 각자의 틈새 시간을 활용하려면 정기적으로 활용하는 시간부터 파악해야 한다. 어느 시간대에 얼마나 시간적 여유가 생기는지 확인하는 것이다. 이렇게 한다면 자투리 시간을 이용하여 무엇을 할지 계획을 세울 수 있다. 그리고 부모 각자의 시간 패턴이 보이게 될 것이다. 이로써 언제 육아 참여가 가능한지 그 시간에 누가 육아를 할지 정할 수 있게 된다. 그리고 자신의 취미 생활이나 자기계발 시간을 확보할 수 있게 된다.

시간을 확보했다면 이제 그 시간에 어떤 일을 할지 정해야 한다. 일단 처음 시작은 워밍업을 한다고 생각하고 간단한 일부터 시작하자. 이것도 역시 마주 앉은 배우자와 상의를 거쳐야 한다. 양육 규칙에는 영향을 주지 않아야 하기 때문이다. 그 이유는 예를 들어 설명하겠다. 자녀가 한창 놀아야 하는 시간에 거실에서 드라마를 보기 위해 TV를 켠다. 그 드라마가 자녀의 연령에 시청이 불가하다면 정서적 발달에 영향을 줄 수 있다. 만일 꼭 TV를 보고 싶다면 자녀가 잠든 시간을 이용하는 것이 가장 좋다. 한 가지 추천하자면 가장 편하고 불화가 적은 취미이자 자기계발은 독서나 자격증 공부다. 하지만 어디까지나 추천이니 자신을 먼저 돌아보고 선택하자.

마지막은 지금까지 정한 것들을 습관화하는 것이다. 신경과학에는 '장기적 강화'라는 말이 있다. 어떤 행동을 반복할수록 뇌가 그 행동을 하는

데 더 효율적인 구조로 변화한다는 의미다. 때문에 정기적으로 사용하는 시간 외에 남는 자투리 시간도 일정한 것이 더 좋다. 그래야 규칙적으로 그 시간을 제대로 이용할 수 있기 때문이다. 불규칙한 시간이라고 해서 습관화를 못한다는 말은 아니다. 독서, 공부, 악기연주, 영상편집 등 5분 동안 할 수 있는 것은 무궁무진하다. 두려워하지 말고 일단 머릿속에 떠오른다면 시작해보자.

시간 관리는 생각보다 간단하다. 하지만 많은 사람들이 시간을 만들지 않거나 만드는 도중에 포기하기도 한다. 다른 사람은 당신이 낭비하는 그 자투리 시간을 이용하여 성공으로 가는 고속 열차를 탔다. 그러나 당신이 시간을 소홀하게 생각한다면 그들의 뒤를 자전거를 타고 뒤쫓는 것과 마찬가지일 것이다. 당신과 배우자는 행복한 가정을 이루기 위해 일과 육아를 하고 있을 것이다. 하지만 자신만의 시간이 필요하기도 할 것이다. 당신이 육아를 하며 자신만의 꿈을 꾸고 있다면 더욱 그럴 것이다. 그러니 흘러가는 시간과 기회를 놓치지 말고 행복한 가정과 꿈을 동시에 지키자.

결혼을 한 이상 배우자와 자녀를 생각하지 않을 수 없다. 내가 말한 모든 것은 가정생활과 직장생활에 영향을 주지 않은 선에서 해야 하는 것이다. 물론 배우자와 상의를 거친 후에 말이다.

육아도 짧은 시간 더 유익하게 보낼 수 있도록 최선을 다한 후 배우자와 자녀에게 양해를 구한다면 이해해주는 경우가 많다. 그러니 '우리 와이프는 이해 안 해줘.'라고 생각하기보다는 이해시키고 상의하여 해결책을 찾는 것이 좋다.

육아 전쟁에서 살아남을 수 있는 것은

팀워크의 사전적 의미는 팀의 성원(成員)이 공동의 목표를 달성하기 위하여 각 역할에 따라 책임을 다하고 협력적으로 행동하는 것을 이르는 말이다. 부모가 된 후 단란한 가정을 이루는 것은 한 개의 팀을 구성하는 것과 마찬가지다. 따라서 서로의 의견을 존중하며 정해진 목표 달성을 위해 사전에 분담해놓은 역할을 충실히 이행해야 한다. 그리고 난관에 부딪혔을 때 다시 상의하고 서로 격려하며 항상 발전적인 방향으로 나아가야 한다. 수시로 배우자와 자녀에게 관심을 가지고 사랑을 담아 칭찬, 격려, 감사 등 긍정 에너지를 나눠야 한다.

부모로 살아가면서 도움이 필요한 경우가 있다. 피로, 우울 등 심신이 약해졌을 때이다. 직장과 가정 사이에서 고군분투한다. 꿈도 이뤄야 하는데 자녀 양육까지, 힘든 일이 정말 많다. 이때 누가 더 힘든지를 따지는 것이 아니라 서로에게 더 관심과 사랑을 쏟아야 한다. 삶은 고단하게 만드는 부정적인 요소들을 제거하고 긍정 에너지를 공유해야 하는 것이다. 사랑, 행복, 함께하는 시간을 위해 결혼을 했을 것이다. 서로 자신이 더 힘들다고 하는 것은 서로 잘 알고 있다. 당신도 힘들겠지만 의식적인 노력을 더해 배우자의 마음을 헤아려주어야 한다. 자신이 실제로 더 힘든 상황에 있을 수 있다. 그럼에도 잠깐 동안 배우자의 마음을 관심을 가지고 들여다보자. 이것은 부정적인 요소들을 제거하는 데 많은 도움이 된다.

당신은 '편안함', '포근함', '아늑함', '따뜻함', '든든함'이라는 단어들을 보았을 때 가정이라는 말이 떠오르는가? 그렇다면 당신의 가정은 서로에게 칭찬과 격려를 아끼지 않고 서로에게 든든한 버팀목이 되고 있는 것이다. 이것은 가족이 서로 신뢰하고 있다는 것을 보여주는 것이기도 하다. 이처럼 가족은 서로에게 든든한 조력자이자 늘 의지하고 기댈 수 있는 존재가 되어야 한다.

봅슬레이 경기에서 앞에서 끌어주고 뒤에서 밀어주는 모습을 본 적이 있을 것이다. 이처럼 가족 간에도 협동이 필요하다. 각자의 고민을 가족이 함께 해결하고자 노력해야 한다. 참견하라는 말이 아니다. 공감과 위로, 격려와 칭찬을 함으로써 고민에 대한 답을 찾기 위해 노력하라는 것이다. 고민 해결과 동시에 가족에 대한 신뢰도, 단결력, 유대감 등 긍정적 요소들이 더 높아지게 된다.

부모와 자녀는 함께 성장한다는 사실을 잊지 말아야 한다. 서로의 꿈을 지지해주는 존재가 되어야 한다는 것이다. 자신을 위한 시간을 만들고 가족을 위한 시간을 확보해야 한다. 그리고 서로를 배려하며 꿈을 포기하지 않도록 사랑과 관심을 주어야 한다. 사람은 사랑의 힘과 꿈으로 삶을 이어나가야 쉽게 주저앉지 않는다. 행복한 삶을 꿈꾼다면 그것을 위해 움직여야 한다.

미국의 벤처투자자 팀 드레이퍼는 라파엘 배지아그의 저서 『억만장자 시크릿』에서 성공을 꿈꾸는 사람들을 위해 한 가지 목표를 정하고 그걸 추구하라고 조언한다. 이것은 성공자뿐만 아니라 평범한 사람에게도 적용되는 불변하는 진리다. 성공자들은 실행을 하고 평범한 사람은 실행을 하지 않는다. 성공하느냐는 실행하는가, 그렇지 않은가의 차이만 있을 뿐이다.

육아라는 전쟁터에서 당신과 배우자가 살아남기 위해서는 서로에게 지원군이 되어야 한다. 부상을 당했다면 부축하고 보호해주어야 할 것이다. 혼란에서 빠져나올 수 있도록 도와야 한다. 잠시 휴식이 찾아오면 서로에게 따뜻한 말 한마디 건네며 사기를 올려주어야 한다. 또한 각자를 위한 휴식의 시간을 만들어 주는 때도 필요할 것이다.

개인의 기량이 아주 뛰어나 혼자 살아남아서는 팀이 승리하기는 어렵다. 각자의 위치에서 자신의 임무에 최선을 다할 때 팀이 승리할 수 있는 것이다. 늘 함께 목표지점까지 가야 한다. 가족은 팀워크를 발휘해야 하는 하나의 팀이라는 사실을 잊지 말자.

육아가 처음인 아빠에게 보내는 단단한 한마디

시간은 모든 사람에게 공평하게 주어진다. 그것을 어떻게 활용하느냐에 따라 삶이 달라지는 것이다. 틈새시간을 만들고 그 시간에 자신뿐만 가족구성원 모두가 성장할 수 있는 방법에 대해 도모하는 시간을 가지는 것이 좋다. 이것은 행복한 가정을 만드는 방법 중 하나이기 때문이다.

07

육아는 아이에게 주는 최고의 선물이다

우리가 우리 아이들에게 줄 수 있는 가장 큰 선물은
우리가 가진 소중한 것을 아이들과 함께 나누는 것만이 아니라,
자신들이 얼마나 값진 것을 가지고 있는지 스스로 알게 해주는 것이다.

– 아프리카 스와힐리

부모도 아이와 함께 성장한다

이렇게 생각해보자. 당신의 자녀는 당신에게 오기 전에 당신을 선택하고 오는 것이다. 왜? 당신을 통해 무엇인가 배우기 위해서다. 그리고 당신에게 무엇인가 가르치기 위해서다. 이 말들이 무슨 의미인지 모르겠어도 일단 이렇게 믿어보자. 이런 생각으로 육아를 하면 힘든 일을 겪을 때 자녀의 말과 행동이 이해가 되기 때문이다.

부모는 자녀의 미래를 계획한다. 그래서 초등학생이 되기 전부터 수학 학원, 영어 학원 등 많은 학원을 보낸다. 물론 친구들과 어울릴 기회를 제공하기도 한다. 하지만 놀이를 통해 세상에 대한 배움을 해야 하는 나

이에 교육을 통해 지식을 쌓고 있다. 물론 나쁘다고 말할 수는 없다. 그러나 교육도 지나치면 독이 될 수 있다는 말이다.

거의 모든 부모는 자녀가 성공한 삶을 살기 원할 것이다. 성공이 아니라도 부모인 자신보다 더 좋은 환경에서 풍족하게 살기 바랄 것이다. 그래서 선행학습을 위해 학원을 보내는 것이다. 하지만 성공을 위해서는 시련을 이기는 힘을 기르는 것이 더 중요하다.

중국의 육아 전문연구가 루펑청은 자신의 저서 『큰소리치지 않고 아들 키우는 100가지 포인트』를 통해 이렇게 말했다.

"포기해야 한다는 점을 이해하고 아이가 스스로 해결점을 찾도록 격려하고, 힘이 닿는 데까지 본인이 다른 방법을 시도해볼 기회를 마련해주어야 한다."

이것은 자녀 스스로 강해지도록 하는 방법이다. 부모가 모든 것을 계획하고 함께 행동하면 자녀는 혼자 어려움을 이겨내지 못할 것이다. 따라서 부모는 자녀에게 무한한 기회를 주고 기다려주어야 한다. 스스로 고난과 역경을 헤쳐 나갈 수 있도록 말이다.

뇌 과학 육아 연구소 지승재 소장은 자신의 저서 『자기 조절력이 내 아이의 미래를 결정한다』에서 자녀가 끝까지 해낼 힘을 만들어줘야 한다고 했다. 그의 책에는 이런 문장이 있다.

"아이들이 뭔가에 집중력을 보일 때 관심과 사랑으로 지켜봐주자. 충분한 시간을 주는 것이 중요하다."

그저 관망만 하고 있으라는 말이 아니다. 공부를 하든지 놀이에 참여하든지 시간을 충분히 주고 그 행위 안에서 질문으로 관심을 보일 수 있을 것이다. 그리고 해냈을 때에는 아낌없는 칭찬과 격려를 통해 성취감을 느끼게 할 수 있다. 이처럼 사랑을 담은 관심을 보일 때 자녀는 더 성장하게 될 것이다.

이탈리아의 신경심리학자 리촐라티 교수는 2마리 원숭이를 대상으로 한 실험에서 새로운 사실을 발견했다. 이 실험에서 한 원숭이에게는 다양한 동작을 시켰다. 또 다른 한 마리 원숭이는 그 동작을 지켜보게 했다. 그런데 동작을 하지 않은 원숭이의 뇌에 실제 움직이는 것처럼 반응이 온 것이다. 이것이 바로 '거울 뉴런'이 발견된 실험이다. 사람에게도 '거울 뉴런'이 있다. 자녀가 부모를 통해 얻는 간접 경험이나 지식도 뇌속에 저장된다는 말이기도 하다. 이로써 부모가 끊임없이 성장하고자 노력하면 자녀도 함께 성장할 수 있다는 것이 과학적으로 증명된 것이다.

이미 당신은 성공한 부모이다

　연예인이나 운동선수는 한 분야에 대해 뛰어난 기량을 보인다. 하지만 그들도 사람이기 때문에 일반인보다 못하는 부분이 있을 것이다. 그들에게는 어떤 고난이 와도 다시 일어날 수 있게 하는 꿈이 있고 끊임없이 노력하는 인내심이 있다. 당신도 내가 말한 부분만 실행하면 분명 성공한 인생을 살 수 있을 것이다.

　당신은 지금 인생이라는 마라톤 대회에 참가한 것이다. 당신은 어머니의 배 속에서 세상을 느끼며 워밍업을 끝내고 출산이라는 출발점에서 출발했다. 그리고 현재라는 지점에 도달한 것이다. 지나온 길에서는 분명 쥐가 나서 잠시 쉬는 것과 같이 멈칫하기도 했을 것이다. 그리고 음수대에서 시원한 물을 머금었다 뿜는 것처럼 어느 순간에는 기쁨도 만끽했을 것이다. 당신은 다시 목표인 골인 지점을 향해 달리고 있다. 너무 빨리 달리려고 하면 금방 지칠지도 모른다. 목표로 계속 가려면 한 걸음 한 걸음에 힘을 실어 페이스를 유지하고 달려가야 한다. 항상 인생을 마라톤으로 생각하고 살기 바란다. 그렇다면 지치고 주저앉고 싶은 순간에도 다시 달릴 수 있을 것이다.

　앞서 다룬 모든 내용은 가정과 인생에서 행복을 지킬 수 있는 방법에 대한 내용이다. 마무리 정리 차원에서 성공하는 방법에 대해 요약하면

다음과 같이 정리할 수 있을 것 같다. 자세한 내용은 앞의 내용을 참고하
도록 하자.

- 자신 스스로에게 확신을 가져라.
- 가치 투자에 관심을 기울여라.
- 비전(인생 목표)을 가져라.
- 꿈을 시각화하라.
- 긍정 마인드로 모든 부정을 이겨라.
- '감사합니다'와 '사랑합니다'를 입에 달고 살아라.
- '시련은 성장을 위해 존재한다'는 말을 믿어라.
- 자신만의 스트레스 해소법을 찾아라.
- 완벽함보다는 최적의 방법으로 일단 시작하라.
- 시작한 일은 꾸준히 할 수 있도록 습관화하라.
- 실패했다면 부족한 점은 끊임없이 보완하라.
- 성공은 하루아침에 찾아오는 것이 아니라는 말을 명심하라.

성공이 돈으로 해결된다면 돈만 많이 벌면 된다. 하지만 성공은 그렇
게 쉽게 얻을 수 있는 것이 아니다. 그러니 앞의 내용을 실천하자.

인간은 가장 변화하기 어려운 동물이라는 말이 있다. 현재 삶에 지쳐

있지만 변화하려는 노력을 기울이지 않는다. 실행을 못 한다는 말이다. 변화에는 시간을 할애해야 하며 때에 따라 비용이 발생하기도 한다. 그러나 변화가 없었다면 인간은 진화가 멈춰 이렇게까지 발전하지 못했을 것이다. 당신도 삶의 변화와 발전을 원한다면 실천하기 바란다.

자녀는 부모가 하는 말과 행동을 그대로 보고, 듣고, 느끼며 배운다. 따라서 당신은 항상 당신 나름의 모범을 보여야 하고 발전하는 모습을 보여줘야 한다. 당신은 자녀의 가장 가까운 본보기여야 한다. 좋지 않은 언행은 자녀에게도 영향을 미칠 수 있으니 주의해야 한다. 자녀가 당신이 원하는 대로 자라게 하고 싶다면 반드시 원하는 바를 솔선수범하는 자세를 유지하기 바란다. 그리고 꿈을 잃지 않았으면 한다. 꿈은 절대 당신을 배신하지 않을 것이다.

아무리 힘든 처지에 있는 사람이라도 그들의 꿈과 미래도 무시해서는 안 된다. 기댈 것이라고는 꿈밖에 없는 사람이 결국 일을 내기 때문이다. 그래서 당신에게 꿈을 가져야 한다고 조언하는 것이다.

자녀가 있는 부모라면 양육에 대한 꿈과 당신 자신에 대한 꿈에 확신을 가질 필요가 있다. 또한 명확한 목표와 양육방식을 가져야 하고 틈새 시간을 활용하여 실천해야 하는 것이다.

이 책을 덮기 전에 육아도, 인생도 성공하기 위해 이렇게 외치며 자신감을 얻기 바란다.

"나는 매일 모든 면에서 성장하는 아빠(엄마)다!"

육아가 처음인 아빠에게 보내는 단단한 한마디

육아는 자녀에게도 부모에게도 최고의 선물이다. 함께 성장할 수 있는 기회를 주기 때문이다. 자녀 양육 부분에서 당신이 성공하고자 한다면 늘 성장하며 긍정을 솔선수범하도록 하자. 그 모습은 반드시 자녀에게 긍정적인 영향을 미칠 것이다. 유대관계가 형성된 상태라면 그 효과는 배가 될 것이다.

자녀와 함께 매일 성장하는 부모가 되자

미국의 정치인이자 저술가 벤자민 프랭클린은 이런 말을 남겼다.

"그대는 인생을 사랑하는가? 그렇다면 시간을 낭비하지 말라, 시간이야말로 인생을 형성하는 재료이기 때문이다."

동네 커피숍에서 인생을 낭비할 시간에 더 긍정적인 미래를 그리는 일에 시간을 사용해야 한다. 모든 사람에게 동등하게 주어지는 신이 내려주신 선물은 바로 '시간'이다. 공평한 상황 속에서 공평하지 않다고 불평만 한다면 얼마나 바보 같은 일로 시간을 버리는 것인가. 알다시피 당신이 낭비하는 시간은 불평불만으로 잡아두지 못한다.

성공자라고 불리는 사람들은 자신의 성공하는 과정이나 마인드를 책으로 펴내기도 한다. 그들의 책을 본 당신도 느낄 수 있을 것이다. 시간을 잘 활용해야 하고 끊임없이 공부해야 하며 실패하더라도 실행을 해야 한다는 것을 말이다. 인생에서 성공하기 위해서는 성공하는 방법을 매 순간 적용하며 살아야 한다. 이것은 사소한 일에도 마찬가지다.

자신의 시간을 술과 게임으로 채우는 사람들과 어울리는 대신 배움에 투자하는 것이다. 스트레스를 푸는 방법도 변화될 수 있다. 취미가 낚시라면 입질을 기다리는 동안 책을 읽을 수도 있다. 책의 내용을 전부 읽지 않더라도 한 문장이 가슴에 울림을 가져왔다면 독서를 한 것이다. 그 한 문장이 당신의 변화의 시작이 될 수 있으니 말이다. 우리는 생각을 조금만 긍정적인 방향으로 한다면 어제보다 나은 오늘, 오늘보다 나은 내일을 살 수 있을 것이다.

사람들은 매일 지친 몸을 이끌고 힘겹게 직장생활을 이어 나간다. 언제까지 이렇게 직장의 노예로 살아야 하는 것일까? 평생 일만 하다가 가족들과 함께하는 삶을 즐기지도 못한다. 그래서 사람들은 부자를 꿈꾼다. 돈 걱정만 없다면 일을 하지 않고 가정에 충실할 수 있다고 생각하기 때문이다. 어떻게 해야 성공해서 부자가 될 수 있을까? 당신이 생각하는 것만큼 어렵지 않다. 아주 간단하다. '생각'을 바꾸면 된다. 성공하고 싶다면 〈한국책쓰기1인창업코칭협회〉를 찾아보도록 하자. 많은 아빠, 엄마들이 성공하는 길 위에 서서 달리고 있다.

처음 시작하는 것은 누구나 낯설고 두려움을 느낄 것이다. 하지만 실패만 생각하며 포기하기에는 시간이 너무 아깝다. 어떤 일을 할 것인지 결정하기 위해 고민하고 있는가? 그 시간에 어떤 사람은 바로 일을 시작해서 진행하며 난관을 극복하는 방법을 배울 것이다.

자녀 계획을 할 때에도 고민이 많이 될 것이다. 계획을 하는 것은 좋지만 너무 거창하게 세우면 쉽게 지칠 수 있다. 그러니 간단하게 생각해서 정하고 늘 관심을 기울이며 발전시키도록 하자. 자녀 양육은 어떤 면에서는 사업과 비슷하다고 할 수도 있다. 언제나 변수가 많이 존재한다는 것이다. 따라서 궁극적인 목표만 정하고 늘 변화하는 것에 대응한다는 생각으로 준비해야 할 것이다. 회사마다 비전이나 사명이 있는 것을 본 적이 있을 것이다. 이처럼 최종적으로 이루고자 하는 목표를 자녀 양육에서도 설정해야 하는 것이다. 예를 들면 자녀가 꿈을 이루어나갈 수 있도록 돕는다는 목표 설정이다. 이런 목표를 세워 놓은 후에는 다양한 방향으로 실행할 수 있을 것이다. 자녀가 어떤 꿈을 꾸든지 포기하지 않을 수 있도록 방향을 잡아 줄 세부 계획을 설정하면 된다. 또는 실패했을 때 다시금 도전할 수 있도록 하는 내면의 성장을 이루게 할 수도 있을 것이다.

당신의 자녀가 매일 성장하듯이 당신도 성장하고 있다는 사실을 받아들여야 한다. 자녀와 동등한 입장에서 생각하며 양육해야 한다는 말이다. 철없이 행동하라는 말이 아니다. 자녀가 서툰 모습을 보인다 해도 그럴 수 있다고 생각하라는 것이다. 당신도 그랬던 것처럼 자녀 또한 처음으로 경험하는 세상이다. 서투르고 실수를 할 수 밖에 없다는 것이다. 한번에 모든 일을 잘 할 수는 없다. 자녀 스스로 잘하는 일을 한 가지 찾기 위해서는 끊임없는 도전을 해야 하는 것이다.

부모는 자녀가 목표를 정할 수 있도록 도와주고 방향을 잃지 않도록 길잡이를 해주어야 한다. 힘들 때에는 기대어 조언을 구할 존재가 되어야 한다. 그리고 좌절하는 순간에는 다시 일어설 수 있는 힘을 기를 수 있도록 해야 한다. 부모가 지치고 힘들 때는 서로에게 기댈 수 있어야 한다. 부부는 같은 방향으로 나아가는 파트너이다. 서로에게 긍정적인 말을 주고받으며 추진력을 얻어야 하는 것이다. 때로는 조언도 하며 발전적으로 살아가도록 하자. 부모가 이러한 모습을 보인다면 자녀 또한 배우는 것이 있을 것이다. 육아를 하는 동안 긍정의 말과 행동을 유지하도록 하자. 부모는 자녀의 거울이며 자녀는 부모의 모습을 스펀지처럼 흡수한다는 것을 잊지 않도록 하자.

이 책을 쓰는 동안 다시금 자녀에 대한 양육태도가 변화되었다. 자녀들의 말과 행동들도 이해를 하게 되었다. 그리고 놀이를 더욱 체계적으로 할 수 있게 되었다. 5세, 4세, 3세 연년생 세 자녀의 아빠와 3세 자녀를 둔 아빠는 이렇게 성장했다. 바쁜 아빠지만 자녀들에게도 좋은 아빠가 되기 위해 노력한다. 유튜브 채널 '네모왕자TV', '아빠육아TV'는 저자들이 자녀와의 추억을 쌓기 위해 개설한 채널이다. 지금은 육아 관련 정보까지도 공유하는 채널로 발전했다. 당신도 바쁜 일상 속에서 아이와 함께 하기 위한 방법을 생각할 것이다. 그 방법은 유튜브가 아니라도 다양하다. 유튜브를 시작해도 좋고, 당신만의 방법으로 자녀와의 시간을 보내길 바란다.

당신은 이제 부모로서의 성공과 한 사람으로서의 성공을 기대할 것이다. 이제 가정의 문제를 돌아보고 인내심을 가지고 계획을 실행하도록 하자. 그렇다면 당신 가정의 변화는 시작되는 것이다. 그리고 당신과 자녀는 매일 함께 성장하는 존재로서 서로에게 좋은 파트너가 될 수 있을 것이다. 매일 성장하는 당신의 가정을 축복하고 응원한다.

김도사, 최경일